建筑工程施工现场专业人员
上岗必读丛书

CAILIAOYUAN BIDU

材料员必读

主编　吴国华
参编　庄景山　李成林

U0236090

中国电力出版社
CHINA ELECTRIC POWER PRESS

内 容 提 要

　　本书是根据《建筑与市政工程施工现场专业人员职业标准》（JGJ/T 250—2011）中关于材料员岗位技能要求，结合现场施工技术与管理实际工作需要来编写的。本书内容主要包括材料员岗位涵盖的材料管理计划、材料采购及进场验收、材料使用存储、材料统计核算、材料资料管理等。本书是材料员岗位必备的技术手册，也适合作为岗前、岗中培训与学习教材使用。

图书在版编目（CIP）数据

材料员必读/吴国华主编. —2版. —北京：中国电力出版社，2017.7
（建筑工程施工现场专业人员上岗必读丛书）
ISBN 978 - 7 - 5198 - 0546 - 3

Ⅰ.①材… Ⅱ.①吴… Ⅲ.①建筑材料－基本知识 Ⅳ.①TU5

中国版本图书馆 CIP 数据核字（2017）第 061304 号

出版发行：中国电力出版社
地　　址：北京市东城区北京站西街 19 号（邮政编码 100005）
网　　址：http://www.cepp.sgcc.com.cn
责任编辑：周娟华　010 - 63412601
责任校对：王开云
装帧设计：张俊霞
责任印制：单　玲

印　　刷：三河市航远印刷有限公司
版　　次：2014 年 4 月第一版·2017 年 7 月第二版
印　　次：2017 年 7 月北京第二次印刷
开　　本：710 毫米×1000 毫米　16 开本
印　　张：14.25
字　　数：249 千字
定　　价：45.00 元

前　言

建筑工程施工现场专业技术管理人员队伍的素质，是影响工程质量和安全的关键因素。行业标准《建筑与市政工程施工现场专业人员职业标准》（JGJ/T 250—2011）的颁布实施，对建设行业开展关键岗位培训考核和持证上岗工作，对于提高建筑从业人员的专业技术水平、管理水平和职业素养，促进施工现场规范化管理，保证工程质量和安全，推动行业发展和进步发挥了重要作用。

为了更好地贯彻落实《建筑与市政工程施工现场专业人员职业标准》（JGJ/T 250—2011）和2015年最新颁布的《建筑业企业资质管理规定》（中华人民共和国住房和城乡建设部令第22号）等法规文件要求，不断加强建筑与市政工程施工现场专业人员队伍建设，全面提升专业技术管理人员的专业技能和现场实际工作能力，推动建设科技的工程应用，完善和提高工程建设现代化管理水平，我们组织编写了这套专业技术人员上岗必读系列丛书，旨在从岗前培训考核到实际工程现场施工应用中，为工程专业技术人员提供全面、系统、最新的专业技术与管理知识、岗位操作技能等，满足现场施工实际工作需要。

本丛书主要依据建筑工程现场施工中各专业技术管理人员的实际工作技能和岗位要求，按照职业标准针对各岗位工作职责、专业知识、专业技能等相关规定，遵循"易学、易查、易懂、易掌握、能现场应用"的原则，把各专业人员岗位实际工作项目和具体工作要点精心提炼，使岗位工作技能体系更加系统、实用与合理，极大地满足了技术管理工作和现场施工应用的需要。

本书主要内容包括材料员岗位涵盖的材料管理计划、材料采购及进场验收、材料使用存储、材料统计核算、材料资料管理等。本书内容丰富、全面、实用，技术先进，适合作为材料员岗前培训教材，也是材料员施工现场工作必备的技术手册，同时还可以作为大中专院校土木工程专业教材以及工人培训教材使用。

由于时间仓促和能力有限，本书难免有谬误之处和不完善的地方，敬请读者批评指正，以期通过不断的修订与完善，使本丛书能真正成为工程技术人员岗位工作的必备助手。

编　者

2017 年 3 月　北京

第一版前言

国家最新颁布实施的建设行业标准《建筑与市政工程施工现场专业人员职业标准》（JGJ/T 250—2011），为科学、合理地规范工程建设行业专业技术管理人员的岗位工作标准及要求提供了依据，对全面提高专业技术管理人员的工程管理和技术水平、不断完善建设工程项目管理水平及体系建设，加强科学施工与工程管理，确保工程质量和安全生产将起到很大的促进作用。

随着建设事业的不断发展、建设科技的日新月异，对于建设工程技术管理人员的要求也不断变化和提高，为更好地贯彻和落实国家及行业标准对于工程技术人员岗位工作及素质要求，促进建设科技的工程应用，完善和提高工程建设现代化管理水平，我们组织编写了这套《建筑工程施工现场专业人员上岗必读丛书》，旨在为工程专业技术人员岗位工作提供全面、系统的技术知识与解决现场施工实际工作中的需要。

本丛书主要根据建筑工程施工中，各专业岗位在现场施工的实际工作内容和具体需要，结合岗位职业标准和考核大纲的标准，充分贯彻国家行业标准《建筑与市政工程施工现场专业人员职业标准》（JGJ/T 250—2011）有关工程技术人员岗位"工作职责""应具备的专业知识""应具备的专业技能"三个方面的素质要求，以岗位必备的管理知识、专业技术知识为重点，注重理论结合实际；以不断加强和提升工程技术人员职业素养为前提，深入贯彻国家、行业和地方现行工程技术标准、规范、规程及法规文件要求；以突出工程技术人员施工现场岗位管理工作为重点，满足技术管理需要和实际施工应用，力求做到岗位管理知识及专业技术知识的系统性、完整性、先进性和实用性来编写。

本系列丛书在工程技术人员工程管理和现场施工工作需要的基础上，充分考虑能兼顾不同素质技术人员、各种工程施工现场实际情况不同等多种因素，并结合专业技术人员个人不断成长的知识需要，针对各岗位专业技术人员管理工作的重点不同，分别从岗位管理工作与实务知识要求、工程现场实际技术工作重点、新技术应用等不同角度出发，力求在既不断提高各岗位技术人员工程管理水平的同时，又能不断加强工程现场施工管理，保证工程质量、安全。

本书内容涵盖了材料员岗位管理相关知识，建筑材料管理规定及制度，项目施工现场材料管理，无机胶凝材料，建筑用砂、石、水，混凝土，建筑砂浆，建筑用钢材，墙体材料，建筑防水、保温材料，建筑装饰装修材料等，力求使材料员岗位管理工作更加科学化、系统化、规范化，并确保新技术的先进性和实用性、可操作性。

由于时间仓促和能力有限，本书难免有谬误之处和不完善的地方，敬请读者批评指正，以期通过不断的修订与完善，使本丛书能真正成为工程技术人员岗位工作的必备助手。

编　者

目 录

第一章

建筑材料的基本知识

一、建筑材料的分类

所有用于建筑施工的原材料、半成品和各种构件、零部件都被视为建筑材料。工程建设项目使用的材料数量大、品种多，建设企业对工程材料进行合理分类与管理，不仅能有利于各级材料的管理与使用，也能减少中间环节，降低人工和时间成本，提高经济效益，保障工程质量和安全。

1. 按材料使用历史分

工程材料按使用历史可以分为传统工程材料和新型工程材料两类。

（1）传统工程材料。传统工程材料是指那些使用历史较长的材料，如砖、瓦、砂、石骨料和三大材料的水泥、钢材和木材等。

（2）新型工程材料。新型工程材料是指针对传统工程材料而言使用历史较短，尤其是新开发的工程材料。新型材料具有轻质、高强度、保温、节能、节土、装饰等优良特性。采用新型材料不但使房屋功能大大改善，还可以使建筑物内外更具时代气息，满足人们的审美要求；有的新型材料具有节能、节材、可循环再利用的特点，符合可持续发展要求；有的新型材料可以显著减轻建筑物自重，为推广轻型建筑结构创造了条件，推动了建筑施工技术现代化，大大加快了施工速度。

2. 按材料主要用途分

工程材料按主要用途可以分为结构性材料和功能性材料两类。

（1）结构性材料。结构性材料主要是指用于构造建筑结构部分的承重材料，例如水泥、骨料、混凝土及混凝土外加剂、砂浆、砖和砌块等墙体材料、钢筋及各种建筑钢材、公路和市政工程中大量使用的沥青混凝土等，在建筑中主要利用其具有一定的力学性能。

（2）功能性材料。功能性材料主要是指在建筑物中发挥其力学性能以外特长

1

的材料，例如防水材料、建筑涂料、绝热材料、防火材料、建筑玻璃、防腐涂料、金属或塑料管道材料等，它们赋予建筑物以必要的防水功能、装饰效果、保温隔热功能、防火功能、维护和采光功能、防腐蚀功能及排水功能。正是凭借了这些材料的一项或多项功能，才使建筑物具有或改善了使用功能，产生了一定的装饰美观效果，也使生活在一个安全、耐久、舒适、美观的环境中的愿望得以实现。当然，有些功能性材料除了其自身特有的功能外，也还有一定的力学性能。并且人们也在不断创造更多更好的功能材料，和既具有结构性材料的强度又具有其他功能复合特性的材料。

3. 按材料成分分类

工程材料按成分分为无机材料、有机材料和复合材料三大类，其分类如图 1-1 所示。

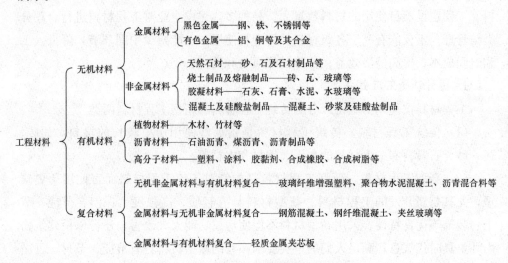

图 1-1　工程材料按成分分类

（1）无机材料。无机材料主要是大部分使用历史较长的材料，它又可以分为金属材料和非金属材料；前者还可以细分为黑色金属（如钢筋及各种建筑钢材）和有色金属（如铜及其合金、铝及其合金），后者如水泥、骨料、混凝土、砂浆、砖和砌块等墙体材料、玻璃等。

（2）有机材料。有机高分子材料主要是指建筑涂料、建筑塑料、混凝土外加剂、泡沫聚苯乙烯和泡沫聚氨酯等绝热保温材料、薄层防火涂料等。

（3）复合材料。复合材料通常是指用不同性能和功能的材料进行复合而成的性能更理想的材料，常见的复合方式有无机材料与无机材料的复合，无机材料与有机材料的复合，有机材料与有机材料的复合等。

4. 按材料管理需要分类

目前，大部分企业在对材料进行分类管理时，运用"ABC 法"的原理，即关键的少数，次要的多数，根据物资对本企业质量和成本的影响程度和物资管理体制将物资分成了 A、B、C 三类进行管理。

（1）材料分类的依据及内容。

1）材料对工程质量和成本的影响程度。根据材料对工程质量和成本的影响程度可分为三类：对工程质量有直接影响的，关系用户使用生命和效果的，占工程成本较大的物资，一般为 A 类；对工程质量有间接影响，为工程实体消耗的为 B 类；辅助材料中占工程成本较小的为 C 类。材料 A、B、C 分类方法见表 1-1。

表 1-1　　　　　　　　　　　材料 A、B、C 分类表

材料分类	品种数占全部品种数（%）	资金额占资金总额（%）
A 类	5～10	70～75
B 类	20～25	20～25
C 类	60～70	5～10
合计	100	100

A 类材料占用资金比重大，是重点管理的材料，要按品种计算经济库存量和安全库存量，并对库存量随时进行严格盘点，以便采取相应措施；对 B 类材料，可按大类控制其库存；对 C 类材料，可采用简化的方法管理，如定期检查库存，组织在一起订货运输等。

2）企业管理制度和材料管理体制。根据企业管理制度和材料管理体制不同，由总部主管部门负责采购供应的为 A 类，其余为 B 类、C 类。

（2）材料分类的内容。材料的具体种类分类见表 1-2。

表 1-2　　　　　　　　　　　材料种类分类表

类别	序号	材料名称	具体种类
A 类	1	钢材	各类钢筋，各类型钢
	2	水泥	各等级袋装水泥，散装水泥，装饰工程用水泥，特种水泥
	3	木材	各类板材、方材，木、竹制模板，装饰、装修工程用各类木制品
	4	装饰材料	精装修所用各类材料，各类门窗及配件，高级五金
	5	机电材料	工程用电线、电缆，各类开关，阀门，安装设备等所有机电产品
	6	工程机械设备	公司自购各类加工设备，租赁用自升式塔吊，外用电梯

类别	序号	材料名称	具体种类
B类	1	防水材料	室内外各类防水材料
	2	保温材料	内外墙保温材料，施工过程中的混凝土保温材料，工程中管道保温材料
	3	地方材料	砂石，各类砌筑材料
	4	安全防护用具	安全网、安全帽、安全带
	5	租赁设备	①中小型设备：钢筋加工设备，木材加工设备，电动工具；②钢模板；③架料，U形托，井字架
	6	建材	各类建筑胶，PVC管，各类腻子
	7	五金	火烧丝，电焊条，圆钉，钢丝、钢丝绳
	8	工具	单价400元以上的手用工具
C类	1	油漆	临建用调和漆，机械维修用材料
	2	小五金	临建用五金
	3	杂品	—
	4	工具	单价400元以下的手用工具
	5	劳保用品	按公司行政人事部有关规定执行

二、建筑材料基本性能

1. 材料的物理性质

（1）材料的密度。密度是指材料的质量与体积之比。根据材料所处状态不同，材料的密度可分为密度、表观密度和堆积密度。

1）密度。材料在绝对密实状态下，单位体积的质量称为密度，即

$$\rho = \frac{m}{V} \qquad (1-1)$$

式中　ρ——材料的密度，g/cm^3 或 kg/m^3；

　　　　m——材料的质量，g 或 kg；

　　　　V——材料在绝对密实状态下的体积，即材料体积内固体物质的实体积，cm^3 或 m^3。

建筑材料中除少数材料（如钢材、玻璃等）外，大多数材料都含有一些孔隙。为了测得含孔材料的密度，应把材料磨成细粉，除去内部孔隙，用李氏瓶

测定其实体积。材料磨得越细，测得的体积越接近绝对体积，所得密度值越准确。

2）表观密度。材料在自然状态下，单位体积的质量称为表观密度（也称体积密度），即

$$\rho_0 = \frac{m}{V_0} \tag{1-2}$$

式中　ρ_0——材料的表观密度，kg/m^3 或 g/cm^3；

　　　m——在自然状态下材料的质量，kg 或 g；

　　　V_0——在自然状态下材料的体积，m^3 或 cm^3。

在自然状态下，材料内部的孔隙可分为两类：有的孔之间相互连通，且与外界相通，称为开口孔；有的孔互相独立，不与外界相通，称为闭口孔。大多数材料在使用时其体积为包括内部所有孔在内的体积，即自然状态下的外形体积（V_0），如砖、石材、混凝土等。有的材料如砂、石在拌制混凝土时，因其内部的开口孔被水占据，因此材料体积只包括材料实体积及其闭口孔体积（以 V' 表示）。为了区别两种情况，常将包括所有孔隙在内时的密度称为表观密度；把只包括闭口孔在内时的密度称为视密度，用 ρ' 表示，即 $\rho' = \frac{m}{V'}$。视密度在计算砂、石在混凝土中的实际体积时有实用意义。

在自然状态下，材料内部常含有水分，其质量随含水程度而改变，因此视密度应注明其含水程度。干燥材料的表观密度称为干表观密度。可见材料的视密度除决定于材料的密度及构造状态外，还与其含水程度有关。

3）堆积密度。粉状及颗粒状材料在自然堆积状态下，单位体积的质量称为堆积密度（也称松散体积密度），即

$$\rho'_0 = \frac{m}{V'_0} \tag{1-3}$$

式中　ρ'_0——材料的堆积密度，kg/m^3；

　　　m——材料的质量，kg；

　　　V'_0——材料的自然堆积体积，m^3。

材料的堆积密度主要与材料颗粒的表观密度以及堆积的疏密程度有关。

在建筑工程中，进行配料计算、确定材料的运输量及堆放空间、确定材料用量及构件自重等经常用到材料的密度、表观密度和堆积密度值。常用材料的上述值见表 1-3。

表 1 - 3　　　　　　　常用材料的密度、表观密度及堆积密度

材料名称	密度/(g/cm³)	表观密度/(g/cm³)	堆积密度/(kg/cm³)
钢材	7.85	—	—
木材（松木）	1.55	0.4～0.8	—
普通黏土砖	2.5～2.7	1.6～1.8	—
花岗石	2.6～2.9	2.5～2.8	—
水泥	2.8～3.1	—	1000～1600
砂	2.6～2.7	2.65	1450～1650
碎石（石灰石）	2.6～2.8	2.6	1400～1700
普通混凝土	—	2.1～2.6	

（2）材料的孔隙率、空隙率。

1）孔隙率。孔隙率是指在材料体积内，孔隙体积所占的比例。以 P 表示，即

$$P = \frac{V_0 - V}{V_0} \times 100\% = \left(1 - \frac{\rho_0}{\rho}\right) \times 100\% \tag{1-4}$$

材料的孔隙率的大小，说明了材料内部构造的致密程度。许多工程性质，如强度、吸水性、抗渗性、抗冻性、导热性、吸声性等，都与材料的孔隙有关。这些性质除了取决于孔隙率的大小外，还与孔隙的构造特征密切相关。孔隙特征主要指孔的种类（开口孔与闭口孔）、孔径的大小及分布等。实际上绝对闭口的孔隙是不存在的，在建筑材料中，常以在常温常压下，水能否进入孔中来区分开口孔与闭口孔。因此，开口孔隙率（P_K）是指在常温常压下能被水所饱和的孔体积（即开口孔体积 V_K）与材料的体积之比，即

$$P_K = \frac{V_K}{V_0} \times 100\% \tag{1-5}$$

闭口孔隙率（P_B）便是总孔隙率（P）与开口孔隙率（P_K）之差，即

$$P_B = P - P_K \tag{1-6}$$

2）空隙率。空隙率是用来评定颗粒状材料在堆积体积内疏密程度的参数，它是指在颗粒状材料的堆积体积内，颗粒间空隙体积所占的比例；以 P' 表示，即

$$P' = \frac{V_0' - V_0}{V_0'} \times 100\% = \left(1 - \frac{\rho_0'}{\rho_0}\right) \times 100\% \tag{1-7}$$

式中　V_0——材料所有颗粒体积之总和，m^3；

ρ_0——材料颗粒的表观密度。

当计算混凝土中粗骨料的空隙率时，由于混凝土拌和物中的水泥浆能进入石子的开口孔内（即开口孔也作为空隙），因此，ρ_0 应按石子颗粒的视密度 ρ' 计算。

（3）材料与水有关的性质。

1）亲水性与憎水性（疏水性）。当水与建筑材料在空气中接触时，会出现两种不同的现象。图 1-2(a) 中水在材料表面易于扩展，这种与水的亲和性称为亲水性；表面与水亲和力较强的材料称为亲水性材料。水在亲水性材料表面上的润湿边角（固、气、液三态交点处，沿水滴表面的切线与水和固体接触面所成的夹角）$\theta \leqslant 90°$。与此相反，材料与水接触时，不与水亲和，这种性质称为憎水性。水在憎水性材料表面上呈图 1-2(b) 所示的状态，$\theta > 90°$。

在建筑材料中，各种无机胶凝材料、石材、砖瓦、混凝土等均为亲水性材料，因为这类材料的分子与水分子间的引力大于水分子之间的内聚力。沥青、油漆、塑料等为憎水性

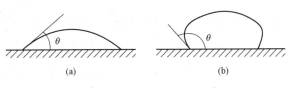

图 1-2　材料润湿边角
(a) 亲水性材料；(b) 憎水性材料

材料，它们不但不与水亲和，而且还能阻止水分渗入毛细孔中，降低材料的吸水性。憎水性材料常用作防潮、防水及防腐材料，也可以对亲水性材料进行表面处理，以降低其吸水性。

2）吸湿性。材料在环境中能吸收空气中水分的性质称为吸湿性。吸湿性常以含水率表示，即吸入水分与干燥材料的质量比。一般来说，开口孔隙率较大的亲水性材料具有较强的吸湿性。材料的含水率还受环境条件的影响，随温度和湿度的变化而改变。最终，材料的含水率将与环境湿度达到平衡状态，此时的含水率称为平衡含水率。

3）吸水性。材料在水中能吸收水分的性质称为吸水性。吸水性大小用吸水率表示，吸水率常用质量吸水率，即用材料在水中吸入水的质量与材料干质量之比表示：

$$W_m = \frac{m_1 - m}{m} \times 100\% \qquad (1-8)$$

式中　W_m——材料的质量吸水率，%；

m_1——材料吸水饱和后的质量，g 或 kg；

m——材料在干燥状态下的质量，g 或 kg。

对于高度多孔、吸水性极强的材料，其吸水率可用体积吸水率，即用材料吸入水的体积与材料在自然状态下体积之比表示：

$$W_V = \frac{V_w}{V_0} = \frac{m_1 - m}{V_0} \times \frac{1}{\rho_w} \times 100\% \tag{1-9}$$

式中　W_V——材料的体积吸水率，%；

　　　V_w——材料吸水饱和时，水的体积，cm^3；

　　　ρ_w——水的密度，g/cm^3。

可见，体积吸水率与开口孔隙率是一致的。质量吸水率与体积吸水率存在如下关系：

$$W_V = \frac{W_m \rho_0}{\rho_w} \tag{1-10}$$

材料吸水率的大小主要取决于材料的孔隙率及孔隙特征，密实材料及只具有闭口孔的材料是不吸水的；具有粗大孔的材料因不易吸满水分，其吸水率常小于孔隙率；而那些孔隙率较大，且具有细小开口连通孔的亲水性材料往往具有较大的吸水能力。材料的吸水率是一个定值，它是该材料的最大含水率。

材料在水中吸水饱和后，吸入水的体积与孔隙体积之比称为饱和系数，其计算式为：

$$K_B = \frac{V_w}{V_0 - V} = \frac{W_0}{P} = \frac{P_K}{P} \tag{1-11}$$

式中　K_B——饱和系数，%；

　　　P_K、P——分别为材料的开口孔隙率及总孔隙率，%。

饱和系数说明了材料的吸水程度，也反映了材料的孔隙特征。若 $K_B = 0$，说明材料的孔隙全部为闭口的；若 $K_B = 1$，则全部为开口的。

材料吸水后，不但质量增加，而且强度降低，保温性能下降，抗冻性能变差，有时还会发生明显的体积膨胀。可见，材料中含水对材料的性能往往是不利的。

4）耐水性。材料长期在水的作用下，强度不显著降低的性质称为耐水性。材料含水后，将会以不同方式来减弱其内部结合力，使强度有不同程度的降低。材料的耐水性用软化系数表示：

$$K = \frac{f_1}{f} \tag{1-12}$$

式中　K——材料的软化系数；

　　　f_1——材料在吸水饱和状态下的抗压强度，MPa；

f——材料在干燥状态下的抗压强度，MPa。

软化系数在 0～1 之间波动；软化系数越小，说明材料吸水饱和后强度降低得越多，耐水性越差。受水浸泡或处于潮湿环境中的重要建筑物所选用的材料，其软化系数不得低于 0.85。因此，软化系数大于 0.85 的材料，常被认为是耐水的。干燥环境中使用的材料可不考虑耐水性。

5）抗渗性。材料抵抗压力水渗透的性质称为抗渗性（或不透水性）。材料的抗渗性常用抗渗等级来表示，抗渗等级用材料抵抗压力水渗透的最大水压力值来确定。其抗渗等级越大，则材料的抗渗性越好。材料的抗渗性也可用其渗透系数 K_S 表示，K_S 值越大，表明材料的透水性越好，抗渗性越差。

材料的抗渗性主要取决于材料的孔隙率及孔隙特征。密实的材料，具有闭口孔或极微细孔的材料，实际上是不会发生透水现象的。具有较大孔隙率，且为较大孔径、开口连通孔的亲水性材料往往抗渗性较差。

对于地下建筑及水工构筑物等经常受压力水作用的工程所用材料及防水材料都应具有良好的抗渗性能。

6）抗冻性。材料在使用环境中，经受多次冻融循环而不破坏，强度也无显著降低的性质称为抗冻性。

材料经多次冻融循环后，表面将出现裂纹、剥落等现象，造成重量损失、强度降低。这是由于材料内部孔隙中的水分结冰时体积增大（约 9%）对孔壁产生很大的压力（每平方毫米可达 100N），冰融化时压力又骤然消失所致。无论是冻结还是融化的过程，都会使材料冻融交界层间产生明显的压力差，并作用于孔壁使之受损。

材料的抗冻性大小与材料的构造特征、强度、含水程度等因素有关。一般来说，密实的以及具有闭口孔的材料有较好的抗冻性；具有一定强度的材料对冰冻有一定的抵抗能力；材料含水量越大，冰冻破坏作用越大。此外，经受冻融循环的次数越多，材料遭损越严重。

材料的抗冻性试验是使材料吸水至饱和后，在 -15℃ 温度下冻结规定时间，然后在室温的水中融化，经过规定次数的冻融循环后，测定其质量及强度损失情况来衡量材料的抗冻性。有的材料如普通砖以反复冻融 15 次后其重量及强度损失不超过规定值，即为抗冻性合格。有的材料如混凝土的抗冻性用抗冻等级来表示。

对于冬季室外计算温度低于 -10℃ 的地区，工程中使用的材料必须进行抗冻性检验。

（4）材料与热有关的性质。

1）导热性。材料传导热量的能力称为导热性。材料的导热能力用导热系数 λ 表示：

$$\lambda = \frac{Qd}{A(T_2 - T_1)t} \tag{1-13}$$

式中　λ——导热系数，$W/(m \cdot K)$；

　　　Q——传导的热量，J；

　　　d——材料的厚度，m；

　　　A——材料的导热面积，m^2；

　$T_2 - T_1$——材料两侧的温度差，K；

　　　t——传热时间，s。

令 $q = \dfrac{Q}{At}$，q 称为热流量，上式可写成：

$$q = \frac{\lambda}{d}(T_2 - T_1) \tag{1-14}$$

从式（1-14）中可以看出，材料两侧的温度差是决定热流量的大小和方向的客观条件，而 A 则是决定 q 值的内在因素。材料的热阻用 R 表示，单位为 $m^2 \cdot K/W$。

$$R = d/\lambda \tag{1-15}$$

式中　R——热阻，$(m^2 \cdot K)/W$；

　　　d——材料厚度，m；

　　　λ——传热系数，$W/(m \cdot K)$。

可见，导热系数与热阻都是评定建筑材料保温隔热性能的重要指标。材料的导热系数越小，热阻值越大，材料的导热性能越差，保温、隔热性能越好。材料的导热性主要取决于材料的组成及结构状态。

2）热容量。材料受热时吸收热量，冷却时放出热量的性质称为材料的热容量。材料吸收或放出的热量可用下式计算：

$$Q = cm(T_2 - T_1) \tag{1-16}$$

式中　Q——材料吸收（或放出）的热量，J；

　　　c——材料的比热容（也称热容量系数），$J/(kg \cdot K)$；

　　　m——材料的质量，kg；

　$T_2 - T_1$——材料受热（或冷却）前后的温度差，K。

比热容与材料质量之积称为材料的热容量值。材料具有较大的热容量值，对室内温度的稳定有良好的作用。

几种常用建筑材料的导热系数和比热容见表 1-4。

表 1-4　　　　　　　　　　　　几种典型材料的热性质指标

材料	导热系数 /[W/(m·K)]	比热容 /[J/(g·K)]	材料	导热系数 /[W/(m·K)]	比热容 /[J/(g·K)]
钢材	58	0.48	泡沫塑料	0.035	1.30
花岗岩	3.49	0.92	水	0.58	4.19
普通混凝土	1.51	0.84	冰	2.33	2.05
普通黏土砖	0.80	0.88	密闭空气	0.023	1.00
松木	横纹 0.17 顺纹 0.35	2.5			

3）耐热性（也称耐高温性或耐火性）。材料长期在高温作用下，不失去使用功能的性质称为耐热性。材料在高温作用下会发生性质的变化而影响材料的正常使用。

①受热变质。一些材料长期在高温作用下会发生材质的变化。如二水石膏在 65~140℃脱水成为半水石膏；石英在 573℃由 α 石英转变为 β 石英，同时体积增大 2%；石灰石、大理石等碳酸盐类矿物在 900℃以上分解；可燃物常因在高温下急剧氧化而燃烧，如木材长期受热发生碳化，甚至燃烧。

②受热变形。材料受热作用要发生热膨胀导致结构破坏。材料受热膨胀大小常用膨胀系数表示。普通混凝土膨胀系数为 10×10^{-6}，钢材膨胀系数为（10~12）$\times10^{-6}$，因此它们能组成钢筋混凝土共同工作。普通混凝土在 300℃以上，由于水泥石脱水收缩，骨料受热膨胀，因而混凝土长期在 300℃以上工作会导致结构破坏。钢材在 350℃以上时，其抗拉强度显著降低，会使钢结构产生过大的变形而失去稳定。

4）耐燃性。在发生火灾时，材料抵抗和延缓燃烧的性质称为耐燃性（或称防火性）。材料的耐燃性按耐火要求规定分为非燃烧材料、难燃烧材料和燃烧材料三大类。

①非燃烧材料，即在空气中受高温作用不起火、不微燃、不炭化的材料。无机材料均为非燃烧材料，如普通砖、玻璃、陶瓷、混凝土、钢材、铝合金材料等。但是玻璃、混凝土、钢材、铝材等受火焰作用会发生明显的变形而失去使用功能，所以它们虽然是非燃烧材料，有良好的耐燃性，但却是不耐火的。

②难燃烧材料，即在空气中受高温作用难起火、难微燃、难碳化，当火源移

走后燃烧会立即停止的材料。这类材料多为以可燃材料为基体的复合材料，如沥青混凝土、水泥刨花板等，它们可推迟发火时间或缩小火灾的蔓延。

③燃烧材料，即在空气中受高温作用会自行起火或微燃，当火源移走后仍能继续燃烧或微燃的材料，如木材及大部分有机材料。

为了使燃烧材料有较好的防火性，多采用表面涂刷防火涂料的措施。组成防火涂料的成膜物质可为非燃烧材料（如水玻璃）或是有机含氯的树脂。在受热时能分解而放出的气体中含有较多的卤素（F、Cl、Br等）和氮（N）的有机材料具有自消火性。

常用材料的极限耐火温度见表1-5。

表1-5 常见材料的极限耐火温度

材　料	温度/℃	注　解
普通黏土砖砌体	500	最高使用温度
普通钢筋混凝土	200	最高使用温度
普通混凝土	200	最高使用温度
页岩陶粒混凝土	400	最高使用温度
普通钢筋混凝土	500	火灾时最高允许温度
预应力混凝土	400	火灾时最高允许温度
钢材	350	火灾时最高允许温度
木材	260	火灾危险温度
花岗石（含石英）	575	相变发生急剧膨胀温度
石灰岩、大理石	750	开始分解温度

（5）材料的声学性质。

1）吸声。声波传播时，遇到材料表面，一部分将被材料吸收，并转变为其他形式的能。被吸收的能量 E_α 与传递给材料表面的总声能 E_0 之比称为吸声系数，用 α 表示。

$$\alpha = \frac{E_\alpha}{E_0}$$

（1-17）

吸声系数评定了材料的吸声性能。任何材料都有一定的吸声能力，只是吸收的程度有所不同，并且，材料对不同频率的声波的吸收能力也有所不同。因此通常采用频率为125、250、500、1000、2000、4000Hz，平均吸声系数 α 大于0.2的材料作为吸声材料。吸声系数越大，表明材料吸声能力越强。

材料的吸声机理是复杂的，通常认为，声波进入材料内部使空气与孔壁（或材料内细小纤维）发生振动与摩擦，将声能转变为机械能最终转变为热能而被吸收。可见，吸声材料大多是具有开口孔的多孔材料或是疏松的纤维状材料。一般来讲，孔隙越多，越细小，吸声效果越好；增加材料厚度，对低频吸声效果提高，对高频影响不大。

2）隔声。隔声与吸声是两个不同的概念。隔声是指材料阻止声波的传播，是控制环境中噪声的重要措施。

声波在空气中传播遇到密实的围护结构（如墙体）时，声波将激发墙体产生振动，并使声音透过墙体传至另一空间中。空气对墙体的激发服从"质量定律"，即墙体的单位面积质量越大，隔声效果越好。因此，砖及混凝土等材料的结构，隔声效果都很好。

结构的隔声性能用隔声量表示，隔声量是指入射与透过材料声能相差的分贝（dB）数。隔声量越大，隔声性能越好。

（6）材料的光学性质。

1）光泽度。材料表面反射光线能力的强弱程度称为光泽度。它与材料的颜色及表面光滑程度有关，一般来说，颜色越浅，表面越光滑，其光泽度越大。光泽度越大，表示材料表面反射光线能力越强。光泽度用光电光泽计测得。

2）透光率。光透过透明材料时，透过材料的光能与入射光能之比称为透光率（透光系数）。玻璃的透光率与其组成及厚度有关。厚度越厚，透光率越小。普通窗用玻璃的透光率约为 0.75～0.90。

2. 材料的力学性质

（1）强度及强度等级。

1）材料的强度。材料在外力（荷载）作用下，抵抗破坏的能力称为材料的强度。在外力作用下，不同的材料可出现两种情况：一种是当内部应力值达到某一值（屈服点）后，应力不再增加也会产生较大的变形，此时虽未达到极限应力值，却使构件失去了使用功能；另一种是应力未能使材料出现屈服现象就已达到了其极限应力值而出现断裂。这两种情况下的应力值都可作为材料强度的设计依据。前者，如建筑钢材，以屈服点值作为钢材设计依据，而几乎所有的脆性材料，如石材、普通砖、混凝土、砂浆等，都属于后者。

材料的强度是通过对标准试件在规定的实验条件下的破坏试验来测定的。根据受力方式不同，可分为抗压强度、抗拉强度及抗弯强度等。常用材料强度测定见表1-6。

表 1-6　　　　　　　　　　　　测定强度的标准试件

受力方式	试件	简图	计算公式	材料	试件尺寸/mm
		（a）轴向抗压强度极限			
轴向受压	立方体		$f_压=\dfrac{F}{A}$	混凝土	$150\times150\times150$
				砂浆	$70.7\times70.7\times70.7$
				石材	$50\times50\times50$
	棱柱体			混凝土	$a=100，150，200$
					$h=2a\sim3a$
				木材	$a=20，h=30$
	复合试件			砖	$s=115\times120$
	半个棱柱体			水泥	$s=40\times62.5$
		（b）轴向抗拉强度极限			
轴向受拉	钢筋拉伸试件		$f_拉=\dfrac{F}{A}$	钢筋	$l=5d$ 或 $l=10d$
					$A=\dfrac{\pi d^2}{4}$
				木材	$a=15，h=4$
					$(A=ab)$
	立方体			混凝土	$100\times100\times100$
					$150\times150\times150$
					$200\times200\times200$

14

续表

受力方式	试件	简图	计算公式	材料	试件尺寸/mm
		(c) 抗弯强度极限			
受弯	棱柱体砖		$f_弯 = \dfrac{3Fl}{2bh^2}$	水泥	$b = h = 40$ $l = 100$
	棱柱体		$f_弯 = \dfrac{Fl}{bh^2}$	混凝土 木材	$20 \times 20 \times 300$ $l = 240$

不同种类的材料具有不同的抵抗外力。同种材料，其强度随孔隙率及宏观构造特征不同而有很大差异。一般来说，材料的孔隙率越大，其强度越低。此外，材料的强度值还受试验时试件的形状、尺寸、表面状态、含水程度、温度及加荷载的速度等因素影响，因此国家规定了试验方法，测定强度时应严格遵守。

2）强度等级。为了掌握材料的力学性质，合理选择材料，常将建筑材料按极限强度（或屈服点）划分成不同的等级，即强度等级。对于石材、普通砖、混凝土、砂浆等脆性材料，由于主要用于抗压，因此以其抗压强度来划分等级，而建筑钢材主要用于抗拉，则以其屈服点作为划分等级的依据。

3）比强度。比强度是用来评价材料是否轻质高强的指标。它是指材料的强度与其表观密度之比，其数值较大者，表明该材料轻质、高强。表 1-7 的数值表明，松木较为轻质高强，而烧结普通砖比强度值最小。

表 1-7　　　　　　　　　常用材料的比强度

材料名称	表观密度/(kg/m³)	强度值/MPa	比强度
低碳钢	7800	235	0.0301
松木	500	34	0.0680
普通混凝土	2400	30	0.0125
烧结普通砖	1700	10	0.0059

（2）弹性和塑性。

1）弹性。材料在外力作用下产生变形，当外力取消后能够完全恢复原来形状、尺寸的性质称为弹性。这种能够完全恢复的变形称为弹性变形。材料在弹性范围内变形符合胡克定律，并用弹性模量 E 来反映材料抵抗变形的能力。E 值越大，材料受外力作用时越不易产生变形。

2）塑性变形。材料在外力作用下产生不能自行恢复的变形，且不破坏的性质称为塑性。这种不能自行恢复的变形称为塑性变形（或称不可恢复变形）。

实际上，只有单纯的弹性或塑性的材料都是不存在的。各种材料在不同的应力下，表现出不同的变形性能。

（3）脆性和韧性。

1）脆性。材料在外力作用下，直至断裂前只发生弹性变形，不出现明显的塑性变形而突然破坏的性质称为脆性。具有这种性质的材料称为脆性材料，如石材、普通砖、混凝土、铸铁、玻璃及陶瓷等。脆性材料的抗压能力很强，其抗压强度比抗拉强度大得多，可达十几倍甚至更高。脆性材料抗冲击及动荷载能力差，故常用于承受静压力作用的建筑部位，如基础、墙体、柱子、墩座等。

2）韧性。材料在冲击、震动荷载作用下，能承受很大的变形而不致破坏的性质称为韧性（或冲击韧性）。建筑钢材、木材、沥青混凝土等都属于韧性材料。用作路面、桥梁、吊车梁以及有抗震要求的结构时都要考虑材料的韧性。材料的韧性用冲击试验来检验。

3. 材料的耐久性

材料的使用环境中，在多种因素作用下能经久不变质、不破坏而保持原有性能的能力称为耐久性。材料在环境中使用，除受荷载作用外，还会受周围环境的各种自然因素的影响，如物理、化学及生物等方面的作用。

（1）物理作用。包括干湿变化、温度变化、冻融循环、磨损等，都会使材料遭到一定程度的破坏，影响材料的长期使用。

（2）化学作用。包括受酸、碱、盐类等物质的水溶液及有害气体作用，发生化学反应及氧化作用、受紫外线照射等使材料变质或遭损。

（3）生物作用。指昆虫、菌类等对材料的蛀蚀及腐朽作用。

实际上，影响材料耐久的原因是多方面因素作用的结果，即耐久性是一种综合性质。它包括抗渗性、抗冻性、抗风化性、耐蚀性、抗老化性、耐热性、耐磨性等诸多方面的内容。然而，不同种类的材料，其耐久性的内容各不相同。无机矿物质材料（如石材、砖、混凝土等）暴露在大气中受风吹、日晒、雨淋、霜雪等作用产生风化和冻融，主要表现为抗风化性和抗冻性，同时有害气体的侵蚀作用也会对上述破坏起促进作用；金属材料（如钢材）主要受化学腐蚀作用；木材等有机材料常因生物作用而遭损；沥青、高分子材料在阳光、空气、热的作用下逐渐老化等。

处在不同建筑部位及工程所处环境不同，其材料的耐久性也具有不同的内容，如寒冷地区室外工程的材料应考虑其抗冻性；处于有水压力作用下的水工工程所用材料应有抗渗性的要求；地面材料应有良好的耐磨性等。为了提高材料的耐久性，首先，应努力提高材料本身及对外界作用的抵抗能力（提高密实度、改变孔结构、选择恰当的组成原材料等）；其次，可用其他材料对主体材料加以保护（覆面、刷涂料等）；此外，还应设法减轻环境条件对材料的破坏作用（对材料处理或采取必要构造措施）。

对材料耐久性能的判断应在使用条件下进行长期的观察和测定，但这需要很长时间。因此，通常是根据使用要求进行相应的快速试验，如干湿循环、冻融循环、碳化、化学介质浸渍等，并据此对材料耐久性作出评价。

三、建筑材料检测知识

1. 材料检测标准化

（1）建筑材料检测标准化要求。标准是构成国家核心竞争力的基本要素，是规范经济和社会发展的重要技术制度。对于各种建筑材料，其形状、尺寸、质量、使用方法及试验方法，都必须有一个统一的标准，既能使生产单位提高生产率和企业效益，又能使产品与产品之间进行比较，也能使设计和施工标准化、材料使用合理化。

建筑材料试验和检验标准根据不同的材料和试验、检验的内容而定，通常包括取样方法、试样制备、试验设备、试验和检验方法、试验结果分析等内容。

（2）材料标准的制定目的和内容。建筑材料标准的制定目的是为了正确评定材料品质，合理使用材料，以保证建筑工程质量，降低工程造价。

建筑材料标准通常包含以下内容：主题内容和适用范围、引用标准、定义与代号、等级、牌号、技术要求、试验方法、检验规则以及包装、标志、运输与贮存标准等。

（3）材料标准的分类。标准的制定和类型按使用范围划分为国际标准和国内标准。根据技术标准的发布单位和适用范围不同，我国的国内标准分为国家标准、行业标准、企业及地方标准三级，并将标准分为强制性标准和推荐性标准两类。各种标准都有自己的代号、编号和名称。

1）标准代号。标准代号反映该标准的等级、含义或发布单位，用汉语拼音首字母表示，见表1-8。

表1-8　　　　　　　　　　我国现行建材标准代号表

所属行业	标准代号	所属行业	标准代号
国家标准代管理委员会	GB	交通部	JT
中国建筑材料工业协会	JC	中国石油和化学工业协会	SY
住房和城乡建设部	JG	中国石油和化学工业协会	HG
中国钢铁工业协会	YB	国家环境保护总局	HJ

2）具体标准编号。具体标准由代号、顺序号和发布年份号组成，名称反映该标准的主要内容。

①国家标准。分为强制性国家标准和推荐性国家标准，强制性标准用代号"GB"表示，推荐性标准用"GB/T"表示。例如 GB 5101—2003 烧结普通砖，表示国家强制性标准，二级类目顺序号为5101号，2003年发布的烧结普通砖标准。

其中，GB 为标准代号；5101 为发布顺序号；2003 为发布年份；烧结普通砖为标准名称。

GB/T 2015—2005 白色硅酸盐水泥，表示国家推荐性标准，二级类目顺序号为2015号，2005年发布的白色硅酸盐水泥标准。

②行业标准。建材标准用代号"JC"表示，推荐性标准用"JC/T"表示；针对工程建设的用"JG"和"JGJ"表示。例：

JC/T 2031—2010 水泥砂浆防冻剂，表示建材推荐性标准，二级类目顺序号为2031号、2010年发布的水泥砂浆防冻剂标准。

其中，JC/T 为标准代号；2031 为发布顺序号；2010 为发布年份；水泥砂浆防冻剂为标准名称。

JGJ 52—2006 普通混凝土用砂、石质量及检验方法标准，表示建筑行业的建材标准，二级类目顺序号为52号、2006年发布的普通混凝土用砂、石质量及检验方法标准。

③企业标准。企业标准用代号"QB"表示，其后分别注明企业代号、标准顺序号、制定年份代号。

例如，《土工合成材料复合地基施工工艺标准》QB-CNCEC J010104—2004，表示××公司的企业标准，标准顺序号为J010104，2004年发布的土工合成材料复合地基施工工艺标准。

其中，CNCEC 为企业代号，××公司；J010104 为发布顺序号；2004 为发布年份；土工合成材料复合地基施工工艺标准为标准名。

2. 数理统计基本知识

（1）概率论与数理统计。概率论是研究随机现象的统计规律性的一门数学分支。它是从一个数学模型出发（如随机变量的分布）去研究它的性质和统计规律性。

数理统计也是研究大量随机现象的统计规律性，所不同的是数理统计是以概率论为理论基础，利用观测随机现象所得到的数据来选择、构造数学模型（即研究随机现象）。对研究对象的客观规律性做出种种合理性的估计、判断和预测，为决策者和决策行动提供理论依据和建议。

（2）总体与个体。在数理统计学中，我们把所研究的全部元素组成的集合称为总体；而把组成总体的每个元素称为个体。例如，需要知道某批钢筋的抗拉强度，则该批钢筋的全体就组成了总体，而其中每根钢筋就是个体。

但对于具体问题，由于我们关心的不是每个个体的种种具体特性，而仅仅是它的某一项或几项数量指标 X 和该数量指标 X 在总体的分布情况。在上述例子中 X 是表示钢筋的抗拉强度。在试验中，抽取了若干个个体就观察到了 X 的这样或那样的数值，因而这个数量指标 X 是一个随机变量（或向量），而 X 的分布就完全描写了总体中我们所关心的那个数量指标的分布状况。由于我们关心的正是这个数量指标，因此我们以后就把总体和数量指标 X 可能取值的全体组成的集合等同起来。

为了对总体的分布进行各种研究，就必须对总体进行抽样观察。抽样是从总体中按照一定的规则抽出一部分个体的行动。

一般地，我们都是从总体中抽取一部分个体进行观察，然后根据观察所得数据来推断总体的性质。按照一定规则从总体 X 中抽取的一组个体（X_1，X_2，X_3，$\cdots$，X_n）称为总体的一个样本。样本的抽取是随机的，才能保证所得数据能够代表总体。

（3）抽样。

1）抽样的概念及抽样目的。抽样又称取样，指从想要研究的全部样品中抽取一部分样品单位。其基本要求是要保证所抽取的样品单位对全部样品具有充分的代表性。

抽样的目的是从被抽取样品单位的分析、研究结果来估计和推断全部样品特性，是科学实验、质量检验、社会调查普遍采用的一种经济有效的工作和研究方法。

2）抽样类型。

①简单随机抽样。一般地，设一个总体个数为 N，如果通过逐个抽取的方法抽取一个样本，且每次抽取时，每个个体被抽到的概率相等，这样的抽样方法为简单随机抽样。简单随机抽样适用于总体个数较少的研究样本。

②系统抽样。当总体的个数比较多的时候，首先把总体分成均衡的几部分，然后按照预先定的规则，从每一个部分中抽取一些个体，得到所需要的样本，这样的抽样方法叫作系统抽样。

③分层抽样。抽样时，将总体分成互不交叉的层，然后按照一定的比例，从各层中独立抽取一定数量的个体，得到所需样本，这样的抽样方法为分层抽样。分层抽样适用于总体由差异明显的几部分组成的情况。

④整群抽样。整群抽样又称聚类抽样，是将总体中各单位归并成若干个互不交叉、互不重复的集合，称之为群；然后以群为抽样单位抽取样本的一种抽样方式。

应用整群抽样时，要求各群有较好的代表性，即群内各单位的差异要大，群间差异要小。

⑤多段抽样。多段随机抽样，就是把从调查总体中抽取样本的过程，分成两个或两个以上阶段进行的抽样方法。

表 1-9　　　　　　　　　　　三种常用抽样方法的比较

类别	共同点	各自特点	相互联系	适用范围
简单随机抽样	抽样过程中每个个体被抽取的概率相等	从总体中逐个抽取	—	总体中的个数较少
系统抽样		将总体均分成几部分，按事先确定的规则分别在各部分中抽取	在起始部分抽样时采用简单随机抽样	总体中的个数较多
分层抽样		将总体分成几层，分层进行抽取	各层抽样时采用简单随机抽样或系统抽样	总体由差异明显的几部分组成

3）抽样的一般程序。

①界定总体。界定总体就是在具体抽样前，首先对从总抽取样本的总体范围与界限作明确的界定。

②制定抽样框。这一步骤的任务就是依据已经明确界定的总体范围，收集总体中全部抽样单位的名单，并通过对名单进行统一编号来建立起供抽样使用的抽样框。

③决定抽样方案。

④实际抽取样本。实际抽取样本的工作就是在上述几个步骤的基础上，严格

按照所选定的抽样方案，从抽样框中选取一个抽样单位，构成样本。

⑤评估样本质量。所谓样本评估，就是对样本的质量、代表性、偏差等等进行初步的检验和衡量，其目的是防止由于样本的偏差过大而导致的失误。

4）抽样原则。抽样设计在进行过程中要遵循四项原则，分别是目的性、可测性、可行性、经济型原则。

（4）样本的数字特征。

1）平均数。

①算术平均数。指在一组数据中所有数据之和再除以数据的个数。它是反映数据集中趋势的一项指标。

算术平均数公式为：

$$\overline{S} = \frac{(s_1 + s_2 + \cdots + s_n)}{n} \tag{1-18}$$

②几何平均数。几何平均数是指 n 个观察值连乘积的 n 次方根（所有观察值均大于0）。

根据资料的条件不同，几何平均数有加权和不加权之分。几何平均数公式为：

$$S_g = \sqrt[n]{s_1 \times s_2 \times \cdots \times s_n} \tag{1-19}$$

2）样本方差和样本标准差。样本方差和样本标准差都是衡量一个样本波动大小的量，样本方差或样本标准差越大，样本数据的波动就越大。

样本中各数据与样本平均数的差的平方和的平均数叫作样本方差。方差的计算公式为：

$$S^2 = \frac{\sum_{i=1}^{n}(s_i - \overline{S})^2}{n} \tag{1-20}$$

样本方差的算术平方根叫作样本标准差。标准差的计算公式为：

$$S = \sqrt{\frac{\sum_{i=1}^{n}(s_i - \overline{S})^2}{n}} \tag{1-21}$$

3. 建筑材料见证取样

建筑材料质量的优劣是建筑工程质量的基本要素，而建筑材料检验则是建筑现场材料质量控制的重要保障。因此，见证取样和送检是保证检验工作科学、公正、准确的重要手段。

（1）见证取样概述。见证取样和送检制度是指在监理单位或建设单位见证下，对进入施工现场的有关建筑材料，由施工单位专职材料试验人员在现场取样或制作试件后，送至符合资质资格管理要求的试验室进行试验的一个程序。

见证取样和送检由施工单位的有关人员按规定对进场材料现场取样，并送至具备相应资质的检测单位进行检测。见证人员和取样人员对试样的代表性和真实性负责。如今，这项工作大部分工程均由监理和施工单位共同完成。实践证明，见证取样和送检工作是保证建设工程质量检测公正性、科学性、权威性的首要环节，对提高工程质量，实现质量目标起到了重要作用，为监理单位对工程质量的验收、评估提供了直接依据。但是，在实际操作过程中，来自业主、监理、施工单位及检测部门等方面的原因，导致这项工作的开展存在一定的困难和问题，也就是工作的真实性难以保证。

（2）见证取样规定。取样是按照有关技术标准、规范的规定，从检验（或检测）对象中抽取实验样品的过程；送检是指取样后将样品从现场移交有检测资格的单位承检的过程。取样和送检是工程质量检测的首要环节，其真实性和代表性直接影响到监测数据的公正性。

住房城乡建设部《关于印发〈房屋建筑工程和市政基础设施工程实行见证取样和送检制度的规定〉的通知》的要求规定，在建设工程质量检测中实行见证取样和送检制度，即在建设单位或监理单位人员见证下，由施工人员在现场取样，送至试验室进行试验。

1）施工单位的现场试验人员应在建设单位或工程监理人员的见证下，对工程中涉及结构安全的试块、试件和材料进行现场取样，送至有见证检测资质的建筑工程质量检测单位进行检测。

2）有见证取样项目和送检次数应符合国家和本市有关标准、法规的规定要求，重要工程或工程的重要部位可增加有见证取样和送检次数。送检试样在施工试验中随机抽取，不得另外进行。

3）单位工程施工前，项目技术负责人应与建设、监理单位共同制定有见证取样的送检计划，并确定承担有见证试验的检测机构。当各方意见不一致时，由承监工程的质量监督机构协调决定。每个单位工程只能选定一个承担有见证试验的检测机构。承担该工程的企业试验室不得担负该项工程的有见证试验业务。

4）见证取样和送检时，取样人员应在试样或其包装上作出标识、封志。标识和封志应标明样品名称和数量、工程名称、取样部位、取样日期，并有取样人和见证人签字。见证人员应做见证记录，见证记录列入工程施工技术档案。承担有见证试验的检测单位，在检查确认委托试验文件和试样上的见证标识、封志无误后方可进行试验，否则应拒绝试验。

5）各种有见证取样和送检试验资料必须真实、完整，不得伪造、涂改、抽换或丢失。

6）对涉及结构安全和使用功能的重要分部工程应进行抽样检测，并应按照各专业分部（子分部）验收计划，在分部（子分部）工程验收前完成。抽测工作实行见证取样。

（3）见证取样内容。

1）见证取样涉及三方行为：施工方，见证方，试验方。

2）试验室的资质资格管理：①各级工程质量监督检测机构（有 CMA 章，即计量认证），一年审查一次；②建筑企业试验室逐步转为企业内控机构，四年审查一次（它不属于第三方试验室）。

CMA（中国计量认证/认可）是依据《中华人民共和国计量法》为社会提供公正数据的产品质量检验机构。计量认证分为两级实施：一级为国家级，由国家认证认可监督管理委员会组织实施；一级为省级，实施的效力完全是一致的。

见证人员必须取得《见证员证书》，且通过业主授权，并且授权后只能承担所授权工程的见证工作。对进入施工现场的所有建筑材料，必须按规范要求实行见证取样和送检试验，试验报告纳入质保资料。

（4）见证取样范围。

1）见证取样的数量。涉及结构安全的试块、试件和材料，见证取样和送样的比例，不得低于有关技术标准中规定应取样数量。

2）见证取样的范围：按规定下列试块、试件和材料必须实施见证取样和送检：

①用于承重结构的混凝土试块；

②用于承重墙体的砌筑砂浆试块；

③用于承重结构的钢筋及连接接头试件；

④用于承重墙的砖和混凝土小型砌块；

⑤用于拌制混凝土和砌筑砂浆的水泥；

⑥用于承重结构的混凝土中使用的掺加剂；

⑦地下、屋面、厕浴间使用的防水材料；

⑧国家规定必须实行见证取样和送检的其他试块、试件和材料。

第二章

材料员岗位管理工作知识

一、材料信息管理

1. 材料信息的种类

（1）资源信息。包括工程所需各类材料生产（供应）企业的生产能力、产品质量、企业的信誉、生产工艺和服务的水平。

（2）供求信息。包括当期国内外建材市场的供需情况、价格情况和发展趋势。

（3）政策信息。包括国家、地方和行业主管部门对材料供应与管理的各项政策。

（4）新产品信息。包括国内外建材市场新型材料发展和新产品开发与应用的信息。

（5）淘汰材料信息。包括目前淘汰停用的材料种类或某种材料的某种类型、型号等信息。

2. 材料信息的获得

由于信息所特有的时效性、区域性和重要性，所以信息管理要求动态管理，收集整理要求全面、广泛，及时准确。收集信息的途径主要有：

（1）订阅各种专业报刊、杂志。

（2）专业的学术、技术交流资料。

（3）互联网查询。

（4）政府部门和行业管理部门发布的有关信息。

（5）各级采购人员的实际采购资料。

（6）各类广告资料。

（7）各类展销会、订货会提供的资料。

3. 材料信息的整理

为了有效高速地采集信息、利用信息，企业应建立信息员制度和信息网络，应用电子计算机等管理工具，随时进行检索、查询和定量分析。采购信息整理常用的方法有统计报表形式、调查报告形式和建立台账的形式。

（1）统计报表形式。运用统计报表的形式进行整理。按照需用的内容，从有关资料、报告中取得有关的数据，分类汇总后，得到想要的信息。例如根据历年材料采购业务工作统计，可整理出企业历年采购金额及其增长率、各主要采购对象合同兑现率等。

（2）调查报告形式。以调查报告的形式就某一类信息进行全面的调查、分析、预测，为企业经营决策提供依据。如针对是否扩大企业经营品种，是否改变材料采购供应方式等展开调查，根据调查结果整理经营意向，并提出经营方式、方法的建议。

（3）建立台账的形式。对某些较重要的、经常变化的信息建立台账，做好动态记录，以反映该信息的发展状况。如按各供应项目分别设立采购供应台账，随时可以查询采购供应完成程度。

4. 企业材料资源库的建立

材料部门将所收集到的信息进行分类整理，利用计算机等先进工具建立企业的材料资源库。资源库中包括价格信息库、供方资料库、有关材料的政策信息库、新产品、新材料库和工程材料消耗库。

二、材料计划管理

1. 施工项目材料计划的分类

（1）按照计划的用途分。材料计划有材料需用计划、加工订货计划和采购计划。

1）材料需用计划，由项目材料使用部门根据实物工程量汇总的材料分析和进度计划，分单位工程进行编制。材料需用计划应明确需用材料的品种、规格、数量及质量要求，同时要明确材料的进场时间。

2）材料采购计划，是项目材料部门根据经审批的材料需用计划和库存情况编制材料采购计划。计划中应包括材料品种、规格、数量、质量、采购供应时间，拟采用供货商名称及需用资金。

3）半成品加工订货计划，是项目为获得加工制作的材料编制的计划。计划中应包括所需产品的名称、规格、型号、质量及技术要求和交货时间等，其中若属非定型产品，应附有加工图纸、技术资料或提供样品。

（2）按照计划的期限划分。材料计划有年度计划、季度计划、月计划、单位工程材料计划及临时追加计划。

临时追加计划是因原计划中品种、规格、数量有错漏；施工中采取临时技术措施；机械设备发生故障需及时修复等原因，需要采取临时措施解决的材料计划。

施工项目常用的材料计划以按照计划的用途和执行时间编制的年、季、月的材料需用计划、加工订货计划和采购计划为最主要形式。

项目常用的材料计划有单位工程主要材料需用计划、主要材料年度需用计划、主要材料月（季）度需用计划、半成品加工订货计划、周转料具需用计划、主要材料采购计划、临时追加计划等。

2. 施工项目材料需用计划的编制

（1）单位工程主要材料需要量计划。项目开工前，项目经理部依据施工图纸、预算，并考虑施工现场材料管理水平和节约措施，以单位工程为对象，编制各种材料需要量计划。该计划是项目编制其他材料计划以及项目材料采购总量控制的依据。

（2）主要材料年度需用计划/主要材料季度需用计划/主要材料月度需用计划。根据工程项目管理需要，结合进度计划安排，在"单位工程主要材料需要量计划"的基础上编制"主要材料年度需用计划"、"主要材料季度需用计划"和"主要材料月度需用计划"作为项目阶段材料计划的控制依据。

（3）主要材料月度需用计划。主要材料月度需用计划是与项目生产结合最为紧密的材料计划，是项目材料需用计划中最具体的计划。材料月度需用计划作为制定采购计划和向供应商订货的依据，应注明产品的名称、规格型号、单位、数量、主要技术要求（含质量）、进场日期、提交样品时间等。对材料的包装、运输等方面有特殊要求时，也应在材料月度需用计划中注明。

1）编制的依据与主要内容。

①在项目施工中，项目经理部生产部门向材料部门提出主要材料月（季）需要量计划。

②应依据工程施工进度编制计划，还应随着工程变更情况和调整后的施工预算及时调整计划。

③该计划是项目材料部门动态供应材料的依据。

2）编制程序。

①计算实物工程量。项目生产部门要根据生产进度计划的工程形象部位，依据图纸和预算计算实物工程量。

②进行材料分析。根据相应的材料消耗定额，进行材料分析。

③形成需用计划。将材料分析得到的材料用量按照品种、规格分类汇总，形成材料需用计划。

（4）周转料具需用计划。依据施工组织设计，按品种、规格、数量、需用时间和进度编制。经审批后的周转料具需用计划提交项目材料管理部门，由材料管理部门提前向租赁站提出租赁计划，作为租赁站送货到现场的依据。

3. 施工项目材料采购计划的编制

（1）材料采购计划。项目材料采购部门应根据生产部门提出的材料需用计划，编制材料采购计划报项目经理审批。

材料采购计划中应确定采购方式、采购人员、候选供应商名单和采购时间等。应根据物资采购的技术复杂程度、市场竞争情况、采购金额以及数量大小确定采购方式：招标采购、邀请报价采购和零星采购。

1）需用计划材料的核定。即材料采购部门核定经审批的材料需用计划提出的材料是否能够被单位材料需用计划和项目预算成本所覆盖。如果需要采购物资在预算成本或采购策划以外，按照计划外材料制定追加计划。

2）确定各种材料库存量、储备量。各种材料的库存和储备数量是编制采购计划的重要依据。在材料采购计划编制之前必须掌握计划期初的库存量、计划期末储备量、经常储备量、保险储备量等，当材料生产或运输受季节影响时，还需考虑季节性储备。

①计划期初库存量＝编制计划时实际库存量＋期初前的预计到货量－期初前的预计消耗量。

②计划期末储备量＝（0.5～0.75）经常储备量＋保险储备量。

③经常储备量即经济库存量，指正常供应条件下，两次材料到货间隔期间，为保证生产正常进行需要保持的材料。

④保险储备量，是在材料因特殊原因不能按期到货或现场消耗不均衡造成的材料消耗速度突然加快等情况下，为保证生产材料的正常需用，进行的保险性材料库存。对生产影响不大、数量较少且周边市场方便购买的材料，不需设置保险储备。

⑤季节性储备，指材料生产因季节性中断，在限定季节里购买困难的材料。

比如北方冬季的砖瓦生产停歇，就需要提前进行季节性储备。

季节性储备量＝季节储备天数×平均日消耗量

3）编制材料综合平衡表（表2-1）提出计划期材料进货量，即申请采购量。

表2-1　　　　　　　　　　　　　材料综合平衡表

材料名称	计量单位	上期实际消耗量	计划期								备注
			需要量	储备量						进货量	
			计划需用量	期初库存量	期末储备量	期内不合用数量	尚可利用资源	合计		申请采购量	

材料申请采购量＝材料需要量＋计划期末储备量－（计划期初库存量－计划期内不合用数量）－尚可利用资源

计划期内不可用数量是考虑库存量中，由于材料、规格、型号不符合计划期任务要求扣除的数量。尚可利用资源是指积压呆滞材料的加工改制、废旧材料的利用、工业废渣的综合利用，以及采取技术措施可节约的材料等。

4）掌握材料供需情况，选择供货商。根据拟采购材料的供需情况，确定采购材料的规格、数量、质量，确定进场时间和到货方式，确定采购批量和进场频率，确定采购价格、所需资金和料款结算方式。

了解需用材料现场存放场地容量，了解施工现场施工需求的部位和具体技术、品种、规格和对材料交货状态的要求，并与需用方确定确切的使用时间和场所。

了解市场资源情况，向社会供应商征询价格、资源、运输、结算方式和售后服务等情况，选择供货商。

5）编制材料采购计划。根据以上因素的了解、核查，编制材料采购计划，并报项目主管领导审批实施。

（2）半成品加工订货计划。在构件制品加工周期允许时间内，依据施工图纸和施工进度提出加工订货计划，经审批后项目材料管理部门及时送交加工。

加工订货产品通常为非标产品、加工原料具有特殊要求或需在标准产品基础上改变某项指标或功能，因此加工计划必须提出具体加工要求。如果必要可由加工厂家先期提供试验品，在需用方认同情况下再批量加工。

一般加工订货的材料或产品，在编制计划时需要附加图纸、说明、样品。

因加工订货产品的工艺复杂程度不同，产品加工周期也不相同。所以委托加工时间必须适当考虑提前时量，必要时还需在加工期间到加工地点追踪加工进度状况。

4. 材料计划的实施与协调

材料计划的编制是材料计划管理工作的开始，而更重要的工作还是在材料计划编制以后，就是材料计划的实施。材料计划的实施，是材料计划工作的关键。

（1）组织材料计划的实施。材料计划工作以材料需用计划为基础，以材料供应计划为主导。采购、供应、运输、财务等各部门是一个整体。材料计划的落实，可使企业材料系统的各部门了解本系统的总目标和本部门的具体任务，了解各部门在完成任务中的相互关系，组织各部门从满足施工需要总体要求出发，采取有效措施，保证各自任务的完成，从而保证材料计划的实施。

（2）协调材料计划实施中出现的问题。材料计划在实施中常因受到内部或外部的各种因素的干扰，影响材料计划的实现。材料计划的实施过程中，经常会出现的问题主要有以下几种：

1）施工任务的变化。计划实施中施工任务的变化主要是指临时增加或削减任务量等，一般是由于国家基建投资计划的改变、建设单位计划的改变或施工力量的调整等。任务改变后，材料计划应做相应调整，否则就要影响材料计划的实现。

2）设计的变更。施工准备阶段或施工过程中，往往会遇到设计变更，而影响材料的需用品种、规格和数量；这种情况下必须及时采取措施，进行协调，尽可能减少影响，以保证材料计划的执行。

3）采购情况的变化。到货合同或生产厂的生产情况发生变化，突发性的资源短缺或价格上涨，都会影响材料的及时供应。

4）施工进度的变化。施工进度发生变化是影响材料计划的常见因素。施工进度的提前或推迟，都会影响材料计划的正确执行。

（3）解决问题的方法。在材料计划发生变化的情况下，要加强材料部门的协调作用，做好以下几项工作，将这些变化造成的损失降到最低。

1）关注施工生产的进度安排和变化调整，在企业内部有关部门之间进行协商，及时、统一修正意见，采取应对措施，对施工生产计划和材料计划进行必要的修改。

2）挖掘内部潜力，利用库存储备来解决临时供应不及时的矛盾。

3）利用市场调节的有利因素，及时向市场采购。同供料单位协商临时增加或减少供应量，与有关单位进行余缺调剂。

要做好协调工作，必须掌握设计单位和建设施工单位的变化意图和调整方案，掌握生产动态，了解材料系统各个环节的工作进程，一般通过统计检查、实地调查、信息交流等方法，检查各有关部门对材料计划的执行情况，及时调整，以保证材料计划的实施。

（4）材料计划的变更及修订。材料计划的变更及修订主要有三种方法：全面调整或修订、专案调整或修订和临时调整或修订。

1）全面调整或修订。当某些原因，如自然灾害、战争或者经济调整等，导致材料资源和需要都发生了重大变化时，需要进行全面调整和修订。

2）专案调整或修订。当某些原因，如某项任务量的突然增减、工程施工的提前或延后、生产建设中的突发状况等，导致局部资源和需要发生了较大变化，需要进行专案调整或修订。一般用分配材料安排或当年储备解决，必要时调整供应计划。专案调整属于局部性调整。

3）临时调整或修订。生产和施工过程中不可避免地会发生一些临时变化，这时必须做临时调整，主要通过调整材料供应计划来解决。临时调整也属于局部性调整。

（5）材料计划的变更及修订中应注意的问题。材料计划的变更及修订工作中有许多应该注意的问题，总的来说体现在以下几个方面。

1）维护计划的严肃性，调整计划过程中必须实事求是。在执行材料计划的过程中，实际情况的不断变化决定了计划并不是一成不变的，但是要对计划进行变更及修订，不能无视计划的严肃性。不能机械地维持原计划，也不能违反计划、用计划内材料搞计划外项目。要在维护计划的严肃性的同时，坚持计划的原则性和灵活性的统一，实事求是地调整和修订计划。

2）权衡利弊，最小限度地调整计划。计划经过调整或修订后，必然或多或少地造成一些损失，所以当计划需要变更时，一定要权衡利弊，在满足新材料需求的前提下最小限度地调整原计划，将损失降到最低。

3）及时掌握材料需求、消耗及供应情况，便于调整计划。材料部门要做好材料计划的调整和修订工作，必须掌握计划任务安排和落实情况，了解生产建设任务和基本建设项目的安排与进度，了解主要设备和关键材料的准备情况和一般材料的需求落实情况，发生出入应及时调整。另外，掌握材料的消耗和供应情况，加强材料定额管理，控制发料，防止由于超定额用料而追加申请量；掌握库存和运输途中的材料动态及供方能否按时交货等。总之，只有做到需用清楚、消耗清楚和资源清楚，才能做好材料计划的变更和修订工作。

4）妥善处理、解决变更和修订材料计划中的相关问题。材料计划的调整或修订过程中，追加或减少的材料，一般以内部平衡调剂为原则，追加或减少的部分内部不能解决的，由负责采购或供应的部门协调解决。特别应该注意的是，要防止在调整计划的过程中拆东墙、补西墙、冲击原计划的做法。没有特殊原因，追加材料应通过机动资源和增产解决。

三、材料采购管理

1. 材料采购管理要求

建筑企业采购及加工订货，是有计划、有组织地进行的。其内容有决策、计划、洽谈、签订合同、验收、调运和付款等工作，其业务过程可分为准备、谈判、成交、执行和结算等五个环节。

（1）材料采购及加工订货的准备。采购及加工订货，在通常情况下需要有一个较长时间的准备，无论是计划分配材料或市场采购材料，都必须按照材料采购计划，事先做好细致的调查研究工作，摸清需要采购及加工材料的品种、规格、型号、质量、数量、价格、供应时间和用途等，以便落实资源。准备阶段中，必须做好下列主要工作：

1）按照材料分类，确定各种材料采购及加工订货的总数量计划。

2）按照需要采购的材料（如一般的产需衔接材料），了解有关厂矿的供货资源，选定供应单位，提出采购矿点的要货计划。

3）选择和确定采购及加工订货企业，这是做好采购及加工订货的基础。必须选择设备齐全、加工能力强、产品质量好和技术经验丰富的企业。此外，如企业的生产规模、经营信誉等，在选择中均应摸清情况。在采购及加工大量材料时，还可采用招标和投标的方法，以便择优落实供应单位和承揽加工企业。

4）按照需要编制市场采购及加工订货材料计划，报请领导审批。

（2）材料采购及加工订货的谈判。材料采购及加工订货计划经有关单位平衡安排，领导批准后，即可开展业务谈判活动。所谓业务谈判，就是材料采购业务人员与生产、物资或商业等部门进行具体的协商和洽谈。

业务谈判应遵守国家和地方制定的物资政策、物价政策和有关法令，供需双方应本着地位平等、相互谅解、实事求是、搞好协作的精神进行谈判。

1）采购谈判的主要内容。

①确定采购材料的名称、规格、型号和数量等。

②确定采购材料的价格、相关费用和结算方法。

③确定采购材料的各级质量标准和验收方法。

④确定采购材料的交货状态、交货地点、包装方式、交货方式和交货日期等。

⑤确定采购材料的运输工具及费用、运输办法，如需方自理、供方代送或供方送货等。

⑥确定违约责任、纠纷解决方法等其他事项。

2）加工订货谈判的主要内容：

①确定加工品的名称、规格、型号和数量。

②确定加工品的技术性能和质量要求，以及技术鉴定和验收方法。

③确定所需原材料的品种、规格、质量、定额、数量和提供日期，以及供料方式，如由订做单位提供原材料的带料加工或承揽单位自筹材料的包工包料。

④确定订做单位提供加工样品的，承揽单位应按样品复制；订做单位提供设计图纸资料的，承揽单位应按设计图纸加工；生产技术比较复杂的，应先试制，经鉴定合格后成批生产。

⑤确定加工品的加工费用和自筹材料的材料费用，以及结算办法。

⑥确定原材料和加工品的运输办法、运输费用及其负担方法。

⑦确定加工品的交货状态、交货地点、交货方式，以及交货日期及其包装要求。

⑧确定双方应承担的责任。如承揽单位对订做单位提供原材料，应负保管的责任，按规定质量、时间和数量完成加工品的责任；不得擅自更换订做单位提供的原材料的责任；不得把加工品任务转让给第三方的责任；订做单位按时、按质、按量提供原材料的责任；按规定期限付款的责任等。

业务谈判，一般要经过多次反复协商，在双方取得一致意见时，业务谈判即告完成。

（3）材料采购及加工订货的成交。材料采购及加工订货，经过与供应单位反复酝酿和协商，取得一致意见时，达成采购、销售协议，称为成交。成交的形式，目前有签订合同的订货形式、签发提货单的提货形式和现货现购等形式。

1）订货形式。建筑企业与供应单位按双方协商确定的材料品种、质量和数量，将成交所确定的有关事项用合同形式固定下来，以便双方执行。订购的材料，按合同交货期分批交货。

2）提货形式。由供应单位签发提货单，建筑企业凭单到指定的仓库或堆栈，按规定期限提取。提货单有一次签发和分期签发两种，由供需双方在成交时确定。

3）现货现购。建筑企业派出采购人员到物资门市部、商店或经营部等单位购买材料，货款付清后，当场取回货物，即所谓"一手付钱、一手取货"银货两讫的购买形式。

（4）材料采购及加工订货的执行。材料采购及加工订货，经供需双方协商达成协议签订合同后，由供方交货，需方收货。这个交货和收货过程，就是采购及加工订货的执行阶段。主要有以下几个方面：

1）交货日期。供需双方应按合同规定的交货日期如期履行，供方应按规定日期交货，需方应按规定日期收（提）货。如未按合同规定日期交货或提货，应按未履行合同处理。

2）材料验收。材料验收，应由建筑企业派员对所采购的材料和加工品进行数量和质量验收。

数量验收，应对供方所交材料进行检点。发现数量短缺，应迅速查明原因并向供方提出。材料质量分为外观质量和内在质量，分别按照材料质量标准和验收办法进行验收。发现不符合规定质量要求的，不予验收；如属供方代运或送货的，应一边妥善保管，一边在规定期限内向供方提出书面异议。

材料数量和质量经验收通过后，应填写材料入库验收单，报本单位有关部门，表示该批材料已经接收完毕，并验收入库。

3）交货地点。材料交货地点，一般在供应企业的仓库、堆场或收料部门事先指定的地点。供需双方应按照合同规定的或成交确定的交货地点进行材料交接。

4）交货方式。材料交货方式，指材料在交货地点的交货方式，有车、船交货方式和场地交货方式。由供方发货的车、船交货方式，应由供应企业负责装车或装船。

5）材料运输。供需双方应按合同规定的或成交确定的运输办法执行。委托供方代运或由供方送货，如发生材料错发到货地点或接货单位，应立即向对方提出，按协议规定负责运到规定的到货地点或接货单位，由此而多支付的运杂费用，由供方承担；如需方填错或临时变更到货地点，由此而多支付的费用，应由需方承担。

（5）材料采购及加工订货的经济结算。经济结算，是指建筑企业对采购的材料，用货币偿付给供货单位价款的清算。采购材料的价款，称为货款；加工的费用，称为加工费，除应付货款和加工费外，还有应付委托供货和加工单位代付的运输费、装卸费、保管费和其他杂费。

经济结算包括异地结算和同城结算。异地结算是指供需双方在不同城市之间进行结算。结算方式有异地托收承付结算、信汇结算、承兑汇票结算和部分地区试行的限额支票结算等方式。

同城结算是指供需双方在同一城市内进行结算。结算方式有同城托收承付结算、信汇结算、承兑汇票结算、委托银行付款结算、支票结算和现金结算等方式。

1）托收承付结算。托收承付结算，是由收款单位根据合同规定发货后，委托银行向付款单位收取货款，付款单位根据合同核对收货凭证和付款凭证等无误后，在承付期内承付结算。

2）信汇结算。信汇结算，是由收款单位根据合同规定发货后，将收款凭证和有关发货凭证，用挂号函件寄给付款单位，经付款单位审核无误后，通过银行汇给收款单位的结算方式。

3）承兑汇票结算。承兑汇票结算，是一种由付款单位开具在一定期限后才可兑付的支票付给收款单位，兑现期到后，再由银行将所指款项由付款方账户转入收款方账户的结算方式。

4）委托银行付款结算。委托银行付款结算，是付款单位委托银行将采购和加工订货合同中规定的款项从本单位账户转入指定的收款单位账户中的一种同城结算方式。

5）支票结算。支票结算，是由收款单位凭付款单位签发的支票通过银行，从付款单位账户中支付款项的一种同城结算方式。

6）现金结算。现金结算，是由采购单位持现金向供方购买材料的货款结算方式。每笔现金货款结算金额，应在各地银行所规定的现金限额以内。

货款和其他费用的结算，应按照中国人民银行的结算办法规定办理，在成交或签订合同时具体明确相关内容：明确结算方式；明确收、付款凭证，一般凭发票、收据和附件（如发货凭证、收货凭证等）；明确结算单位，如通过当地建材公司向需方结算货款。

7）建筑企业审核付货款和费用的主要内容。

①材料名称、品种、规格和数量与实际收到的材料或验收单是否相符。

②单价是否符合国家或地方规定的价格。如无规定价格的，应按合同规定的价格结算。

③委托采购及加工订货单位代付的运输费用和其他费用，是否按照合同规定核付。自交货地点装运到指定目的地的运费，一般应由委托单位负担。

④收、付款凭证和手续是否齐全。

⑤总金额是否有误。审核无误后才能通知财务部门付款。

如发现数量和单价不符、凭证不齐、手续不全等情况，应退回收款单位更正、补齐凭证、补办手续后才能付款；如采取托收承付结算方式的，可以拒付货款。

2. 材料采购的询价技巧

（1）充分做好询价准备工作。从以上程序可以看出，在材料采购实施阶段的询价，已经不是普通意义的市场商情价格的调查，而是签订购销合同的一项具体步骤——采购的前奏。因此，询价前必须做好准备工作。

1）询价项目的准备。首先要根据材料使用计划列出拟询价的物资的范围及其数量和时间要求。特别重要的是，要整理出这些拟询价物资的技术规格要求，并向专家请教，搞清楚其技术规格要求的重要性和确切含义。

2）对供应商进行必要和适当的调查。在国内外大量的宣传材料、广告、商家目录，或者电话号码簿中都可以获得一定的资料，甚至会收到许多供应商寄送的样品、样本和愿意提供服务的意向信等自我推荐的函电。应当对这些潜在的供应商进行筛选，可将那些较大的和本身拥有生产制造能力的厂商或其当地代表机构列为首选目标；而对于一些并无直接授权代理的一般性进口商和中间商则必须进行调查和慎重考核。

3）拟定自己的成交条件预案。事先对拟采购的材料设备采取何种交货方式和支付办法要有自己的设想，这种设想主要是从自身的最大利益（风险最小和价格在投标报价的控制范围内）出发的。有了成交条件预案，就可以对供应商的发盘进行比较，迅速做出还盘反应。

（2）选择最恰当的询价方法。前面介绍了由承包商或业主发出询盘函电邀请供应商发盘的方法，这是常用的一种方法，适用于各种材料设备的采购。但还可以采用其他方法，比如招标办法、直接访问或约见供应商询价和讨论交货条件等方法，可以根据市场情况、项目的实际要求、货物的特点等因素灵活选用。

（3）注意询价技巧。

1）为避免物价上涨，对于同类大宗物资最好一次将全部工程的需用量汇总提出，作为询价中的拟购数量。这样，由于订货数量大而可能获得优惠的报价，待供应商提出附有交货条件的发盘之后，再在还盘或协商中提出分批交货和分批支付货款或采用"循环信用证"的办法结算货款，以避免由于一次交货即支付全部货款而占用巨额资金。

2）在向多家供应商询价时，应当相互保密，避免供应商相互串通，一起提高报价；但也可适当分别暗示各供应商，他可能会面临其他供应商的竞争，应当以其优质、低价和良好的售后服务为原则做出发盘。

3）多采用卖方的"销售发盘"方式询价，这样可使自己处于还盘的主动地位。但也要注意反复地讨价还价可能使采购过程拖延过长而影响工程进度，在适当的时机采用"递盘"，或者对不同的供应商分别采取"销售发盘"和"购买发盘"（即"递盘"），也是货物购销市场上常见的方式。

4）对于有实力的材料设备制造厂商，如果他们在当地有办事机构或者独家代理人，不妨采用"目的港码头交货（关税已付）"的方式，甚至采用"完税后交货（指定目的地）"的方式。因为这些厂商的办事处或代理人对于当地的港口、海关和各类税务的手续和税则十分熟悉，他们可能提货快捷、价格合理，甚至由于对税则熟悉而可能选择优惠的关税税率进口，比起另外委托当地的相关代理商办理各项手续更省时、省事和节省费用。

5）承包商应当根据其对项目的管理职责的分工，由总部、地区办事处和项目管理组分别对其物资管理范围内材料设备进行询价活动。

四、材料运输管理

1. 材料运输

各种建筑材料具有不同的性质和特征，在材料运输中，必须根据材料各自的性质、特点，选用合适的运输工具，采取相应的安全措施，才能保证将材料及时、准确、安全地送到施工用料地点。按照材料的运输条件，可以将材料运输分为普通运输和特种运输。

（1）普通材料运输。普通材料运输不需要特殊的运输工具，使用铁路的敞车、水路的普通船队或货驳、汽车的一般载重货车装运即可。如砂子、石料、砖瓦和煤炭等材料的运输。

（2）特种材料运输。特种材料运输，是指需用特殊结构的装运工具，或需要采取特殊运送措施的运输。特种材料运输，有超限材料运输、危险品材料运输、易腐材料运输等。

1) 超限材料运输。运输管理部门在各种规程、办法中都规定了运输材料的长、宽、高、重的标准尺度，超过这个标准尺度的材料的运输都要具体情况具体分析、对待，采取相应措施，遵守相应规程。

铁路运输中，超限材料是指一件材料装车后在平直线上停留时，高度和宽度超过机动车辆界限的材料；超长材料是指单件长度超过所装平车长度，需要使用游车或跨装运输的材料；笨重材料是指单件重量大于应装平车负重面长度的最大载重量的材料。

水路运输的材料，单件重量或长度超过规定标准的，应按笨重材料或长大材料托运。

汽车在市区运送超限、超长、笨重材料时，必须经公安、市政、车辆管理部门审查并下发准运证，在规定的线路和时间内行驶，还必须在材料末端悬挂红色标志。特殊超高的材料，要派专门车辆在前面引路，以排除障碍。凡是超限、超长和笨重材料的运输，都应按公安交通运输管理部门颁发的相关材料运输规则办理。

2) 危险品材料运输。危险品材料是指具有自燃、易燃、易爆、毒害和放射等特性，在运输过程中可能发生人民生命、财产安全事故的材料，如汽油、酒精、油纸、油布、硫酸、生石灰、火柴、生漆、雷管、镭、铀等。

装运危险品材料，必须严格按照危险品材料运输要求安排运输工具，如水路装运生石灰，应选用良好的不漏水的船舶；装运汽油等流体危险品材料，应选用有接地装置的槽罐车。

运输危险品材料必须遵守公安交通运输管理部门颁发的危险品材料运输规则。主要注意事项包括：

①运送人员必须在材料单中完整填写材料的学名，并按国家标准规定在材料包装物或挂牌上标印"危险品货物"的字样或标志，如图2-1所示。

| (红色) | (红色) | (红色) | (红色) | (黑色) | (黑色) |
| 爆炸品 | 氧化剂 | 易燃物品 | 自燃物品 | 有毒品 | 腐蚀性物品 |

图2-1　危险品包装标志

②装运前应根据材料性质、运送路程、沿途路况等选用合适的车辆，采用安全的方式包装好。要有良好的包装和容器，装运前做好检查，防止发生跑、冒、滴、漏现象。

③装卸时轻搬轻放，严禁摩擦、碰撞、翻滚、重压或倒置，货物堆放整齐、捆扎牢固，码垛不能过高；装卸工人应注意自身防护，穿戴必需的防护用具。

④装运过程中必须做好防火、防静电工作，车厢内严禁吸烟，车辆不得靠近明火、高温场所和太阳暴晒的地方；装运石油类的油罐车在停驶、装卸时应安装好地线，行驶时，应使地线触地。

⑤对需要防潮的材料，要注意防水，保持通风良好，如油布、油纸等；对性质相互抵触的危险品材料，严禁混装、混堆，如雷管、炸药等。

⑥汽车运输应在车前悬挂标志；司机应严格控制车速，保持车距，遇有情况提前减速，避免紧急刹车，严禁违章超车，确保行车安全。

⑦装载危险品的车辆不得在学校、机关、集市、名胜古迹、风景游览区停放。

⑧危险品卸车后应清扫车上残留物，被危险品污染过的车辆及工具必须洗刷清毒。

3）易腐材料运输。一般易腐蚀材料对温度和湿度较为敏感或有特殊要求，因此应选用冷藏车、保温车等特种车辆，确保材料不腐蚀。

2. 材料运输中货损、货差的处理

货差是指货物在运输过程中发生数量的损失；货损是指货物在运输过程中发生货物的质量、状态的改变。货差和货损都是运输部门的货运事故。

（1）货运事故分类。货运事故可分为七大类，分别为火灾，被盗（有被盗痕迹），丢失（全批未到或部分短少，没有被盗痕迹的），损坏（破裂、变形、磨伤、摔损、部件破损、湿损、漏失），变质（腐烂、植物枯死、活动物非中毒死亡），污染（污损、染毒、活动物中毒死亡），其他（整车、整零车、集装箱车的票货分离和误运送、误交付、误编、伪编记录以及其他造成影响而不属于以上各类的事故）。

（2）货运事故处理记录。货运事故发生时，应立即会同运输部门处理并记录。这里的记录有两种，分别为货运记录和普通记录。

1）货运记录。货运记录是一种具有法律效力的基本文件，可以作为分析事故责任和托运人要求承运人赔偿货物的依据。货运记录要如实记载事故货物及有关方面的当时现状，不得在记录中作任何关于事故责任的结论。货运记录各栏应逐项填记。事故详细情况栏应记明货车车体、门窗、施封或篷布的情况，货物包装及装载状态，事故货件装载位置，损失程度等。货运记录应有运输部门负责处理事故的专职人员签名或盖章，并加盖运输部门公章或专用章。

2）普通记录。普通记录只是一般的证明文件，不能作为托运人向承运人索取赔偿的依据。普通记录要如实记载有关情况，也要求有运输部门有关人员签名或盖章，并加盖运输部门公章。

若发生货运事故，托运部门在提出索赔时，应向运输部门提供货物运单、货运记录、赔偿要求书以及规定的其他证明证件。

五、材料贮存、储备管理

1. 仓库的规划布置

（1）材料仓库位置的选择。材料仓库的位置是否合理，直接关系到仓库的使用效果。仓库位置选择的基本要求是"方便、经济、安全"。

1）交通方便，材料的运送和装卸都要方便。材料中转仓库最好靠近公路（有条件的设专用线）；以水运为主的仓库要靠近河道码头；现场仓库的位置要适中，以缩短到各施工点的距离。

2）地势较高，地形平坦，便于排水、防洪、通风、防潮。

3）环境适宜，周围无腐蚀性气体、粉尘和辐射性物质。危险品库和一般仓库要保持一定的安全距离，与民房或临时工棚也要有一定的安全距离。

4）有合理布局的水电供应设施，利于消防、作业、安全和生活之用。

（2）材料仓库的合理布局。材料仓库的合理布局，能为仓库的使用、运输、供应和管理提供方便，为仓库各项业务费用的降低提供条件。合理布局的要求是：

1）适应企业施工生产发展的需要。如按施工生产规模、材料资源供应渠道、供应范围、运输和进料间隔等因素，考虑仓库规模。

2）纳入企业环境的整体规划。按企业的类型来考虑，如按城市型企业、区域性企业、现场型企业不同的环境情况和施工点的分布及规模大小来合理布局。

3）企业所属各级各类仓库应合理分工。根据供应范围、管理权限的划分情况来进行仓库的合理布局。

4）根据企业耗用材料的性质、结构、特点和供应条件，并结合新材料、新工艺的发展趋势，按材料品种及保管、运输、装卸条件等进行布局。

（3）仓库面积的确定。仓库和料场面积的确定，是规划和布局时需要首先解决的问题。可根据各种材料的最高储存数量、堆放定额和仓库面积利用系数进行计算。

1）仓库有效面积的确定。有效面积是指实际堆放材料的面积或摆放货架货柜所占的面积，不包括仓库内的通道、材料架与架之间的空地面积。

2）仓库总面积计算。仓库总面积为包括有效面积、通道及材料架与架之间的空地面积在内的全部面积。

（4）材料储备规划。材料仓库的储存规划是在仓库合理布局的基础上，对应储存的材料作全面、合理的具体安排，实行分区分类、货位编号、定位存放、定位管理。

储存规划的原则是布局紧凑，用地节省，保证安全，作业方便，符合防火、安全要求。

2. 材料的储备

（1）经常储备。经常储备也称周转储备，是指在正常供应条件下的供应间隔期内，施工生产企业为保证生产的正常进行而需经常保持的材料库存。经常储备在进料后达到最大值，叫最高经常储备；随着材料陆续投入使用而逐渐减少，在下一批材料到货前，降到最小值，叫最低经常储备。材料储备到最低经常储备值时，须补充进料至最高经常储备，这样周而复始，形成循环。在均衡消耗、等间隔、等批量到货的条件下，材料库存曲线如图2-2所示。

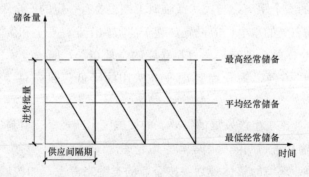

图2-2 均衡消耗、等间隔、等批量到货情况下的储备量曲线

但是实际建筑施工生产过程中，材料的消耗是不均衡的，到货间隔和批量也不尽相同，所以库存曲线具有随机性，如图2-3所示。

（2）保险储备。保险储备是指在材料不能按期到货、到货不适合使用或材料消耗速度加快等情况下，为保证施工生产的正常进行而建立的保险性材料库存。

施工生产企业平时不动用保险储备，只在必要时动用且需立即补充。保险储备是一个常量，库存曲线图如图2-4所示。

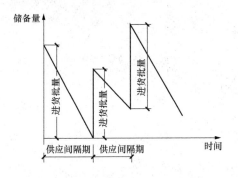

图2-3 随机型消耗、随机型到货
条件下的储备量曲线

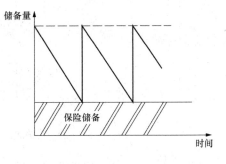

图2-4 保险储备

（3）季节储备。季节储备是指由于季节变换的原因导致材料生产中断，而生产企业为保证施工生产的正常进行，必须在材料生产中断期内建立的材料库存。例如，南方洪水期河砂的季节储备如图2-5所示。

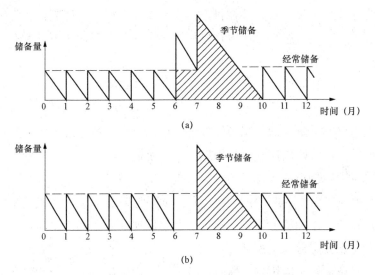

图2-5 洪水期河砂的季节储备
（a）一次性进料的季节储备；（b）分批进料的季节储备

季节储备在材料生产中断前，将材料生产中断期间的全部需用量一次或分批购进、存储、备用，直至材料恢复生产可以进料时，再转为经常储备。由于某些材料在施工消费上也具有季节性，这样的材料一般不需要建立季节储备，只要在用料季节建立季节性经常储备，如图2-6所示。

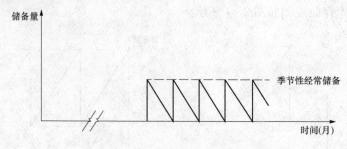

图2-6　冬期施工用料的季节性经常储备

另外，还有一些潜在的资源储备，如处于运输和调拨途中的在途储备，已到达仓库但未正式验收的待验储备等，这些储备虽不能使用，也不被单独列入材料储备定额，但是它们同样占用资金，所以计算储备资金定额时，要将其加入计算。

3. 库存量的控制方法

建筑企业在实际施工生产过程中，材料是不均衡消耗和不等间隔、不等批量供应的。为保证施工生产有足够材料，必须对库存材料进行控制，及时掌握库存量变化动态，适时进行调整，使库存材料始终保持在合理状态下。库存量控制的主要方法有如下几种。

（1）定量库存控制法：定量库存控制法，也称订购点法，是以固定订购点和订购批量为基础的一种库存控制法。即当某种材料库存量等于或低于规定的订购点时，就提出订购，每次购进固定的数量。这种库存控制方法的特点是：订购点和订购批量固定，订购周期和进货周期不定。所谓订购周期，是指两次订购的时间间隔；进货周期是指两次进货的时间间隔。

确定订购点是定量控制中的重要问题。如果订购点偏高，将提高平均库存量水平，增加资金占用和管理费支出；订购点偏低则会导致供应中断。订购点由备运期间需用量和保险储备量两部分构成。

订购点＝备运期间需用量＋保险储备量＝平均备运天数×平均每日需要量＋保险储备量

备运期间是指自提出订购到材料进场并能投入使用所需的时间，包括提出订购及办理订购过程的时间、供货单位发运所需的时间、在途运输时间、到货后验收入库时间、使用前准备时间。实际上每次所需的时间不一定相同，在库存控制中一般按过去各次实际需要备运时间平均计算求得。

【**例 2 - 1**】　某种材料每月需要量是 270t，备运时间 7d，保险储备量 35t，求订购点。

$$订购点＝\frac{270}{30}×7＋35＝98t$$

采用定量库存控制法来调节实际库存量时，每次固定的订购量，一般为经济订购批量。

定量库存控制法在仓库保管中可采用双堆法，也称分存控制法。它是将订购点的材料数量从库存总量分出来，单独堆放或划以明显的标志，当库存量的其余部分用完，只剩下订购点一堆时，应即提出订购，每次购进固定数量的材料（一般按经济批量订购）。还可将保险储备量再从订购点一堆中分出来，称为三堆法。双堆法或三堆法，可以直观地识别订购点，及时进行订购，简便易行。这种控制方法一般适用于价值较低，用量不大，备运时间较短的一般材料。

（2）定期库存控制法。定期库存控制法是以固定时间的查库和订购周期为基础的一种库存量控制方法。它按固定的时间间隔检查库存量并随即提出订购，订购批量是根据盘点时的实际库存量和下一个进货周期的预计需要量而定。这种库存量控制方法的特征是：订购周期固定，如果每次订购的备运时间相同，则进货周期也固定，而订货点和订购批量不固定。

1）订购批量（进货量）的计算式。

订购批量＝订购周期需要量＋备运时间需要量＋保险储备量－现有库存量－已订未交量＝（订购周期天数＋平均备运天数）×平均每日需要量＋保险储备量－现有库存量－已订未交量

"现有库存量"为提出订购时的实际库存量；"已订未交量"指已经订购并在订购周期内到货的期货数量。

【**例 2 - 2**】　某种材料每月订购一次，平均每日需要量是 5t，保险储备量 30t，备运时间为 8 天，提出订购时实际库存量为 80t，原已订购下月到货的合同有 40t，求该种材料下月的订购量。

代入公式得：

$$下月订购量＝（30＋8）×5＋30－80－40＝100t$$

上述计算是以各周期均衡需要时进货后的库存量为最高储备量作为依据的，订购周期的长短对订购批量和库存水平有决定性影响；当备运时间固定时，订货周期和进货周期的长短相同，即相当于核定储备定额的供应期天数。

在定期库存控制中，保险储备不仅要满足备运时间内需要量的变动，而且要满足整个订购周期内需要量的变动。因此，对同一种材料来说，定期库存控制法比定量库存控制法要求有更大的保险储备量。

2）定量控制与定期控制比较。定量控制的优点是能经常掌握库存量动态，及时提出订购，不易缺料；保险储备量较少；每次定购量固定，能采用经济订购批量，保管和搬运量稳定；盘点和定购手续简便。缺点是订购时间不定，难以编制采购计划；未能突出重点材料；不适用需要量变化大的情况，不能及时调整订购批量；不能得到多种材料合并订购的好处。

定期库存订购法的优点和缺点与定量库存控制法恰好相反。

3）两种库存控制法的适用范围。

①定量库存控制法适用于单价较低的材料、需要量比较稳定的材料、缺料造成损失大的材料。

②定期库存控制法适用于需要量大，必须严格管理的主要材料，有保管期限的材料；需要量变化大而且可以预测的材料；发货频繁、库存动态变化大的材料。

（3）最高最低储备量控制法。对已核定材料储备定额的材料，以最高储备量和最低储备量为依据，采用定期盘点或永续盘点，使库存量保持在最高储备量和最低储备量之间的范围内。当实际库存量高于最高储备量或低于最低储备量时，都要积极采取有效措施，使它保持在合理库存的控制范围内，既要避免供应脱节，又要防止呆滞积压。

（4）警戒点控制法。警戒点控制法是从最高最低储备量控制法演变而来的，是定量控制的又一种方法。为减少库存，如果以最低储备量作为控制依据，往往因来不及采购运输而导致缺料。故根据各种材料的具体供需情况，规定比最低储备量稍高的警戒点（即订购点），当库存降至警戒点时，就提出订购，订购数量根据计划需要而定；这种控制方法能减少发生缺料现象，有利于降低库存。

（5）类别材料库存量控制。上述的库存控制是对材料具体品种、规格而言；对类别材料库存量，一般以类别材料储备资金定额来控制。材料储备资金是库存材料的货币表现，储备资金定额一般是在确定的材料合理库存量的基础上核定的，要加强储备资金定额管理，必须加强库存控制。以储备资金定额为标准与库存材料实际占用资金数作比较，如高于或低于控制的类别资金定额，要分析原因，找出问题的症结，以便采取有效措施。即便没有超出类别材料资金定额，也可能存在库存品种、规格、数量等不合理的因素，如类别中应该储存的品种没有储存，有的用量少而储量大，有的规格、质量不对等等问题，都要切实进行库存控制。

六、材料供应管理

1. 材料供应方式及特点

材料供应方式是指材料由生产企业作为商品，向需用单位流通过程中采取的方式。不同的材料供应方式对企业材料储备、使用和资金占用有着一定的影响材料供应方式参数如图 2-7 所示。

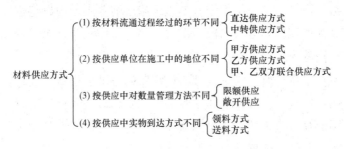

图 2-7 材料供应方式的分类

2. 限额领料供应

（1）限额领料的形式。限额领料方法要求施工队组在施工时必须将材料的消耗量控制在该操作项目消耗定额之内。限额领料的形式主要有三种，分别为按分项工程实行限额领料、按工程部位实行限额领料和按单位工程实行限额领料。

1）按分项工程实行限额领料。按分项工程实行限额领料，是指以班组为对象，按照不同工种所担负的分项工程实行限额领料。这种形式管理范围小，易控制，见效快。但是，由于以班组为对象，容易造成各工种班组只考虑自身利益而忽略相互之间的衔接与配合，这样就可能导致某些分项工程节约较多，而某些分项工程却出现超耗的现象。

2）按工程部位实行限额领料。按工程部位实行限额领料，是指以施工队为责任单位，按照基础、主体结构、装修等施工阶段实行限额领料。这种形式有利于增强整体观念，调动各方面的积极性，有利于各工种之间的配合和供需的衔接。但是，由于某些部位容易发生超耗而使限额难以实施或效果不理想。另外，以施工队为对象增加了限额领料的品种、规格，这就要求具有良好的管理措施和手段以便在施工队内部进行控制和衔接。

3）按单位工程实行限额领料。按单位工程实行限额领料，是指对某一个工程，从开工到竣工，包括基础、结构、装修等全部项目实行限额领料。这种形式有利于提高项目独立核算能力，实现产品的最终效果；另外，由于各种费用捆绑在一起，有利于工程统筹安排。按单位工程实行限额领料适用于工期较短的工程；若在工期较长、工程面大、变化较多、技术较复杂的工程上使用，就要求施工队有较高的管理水平，否则容易放松管理，出现混乱。

（2）限额领料数量的确定。

1）限额领料的技术条件。限额领料必须在具备一定技术条件的情况下实行，具体的技术条件介绍如下：

①施工组织设计。施工组织设计是组织施工的总则，用以组织管理，协调人力、物力，妥善搭配、划分流水段，搭接工序、操作工艺，布置现场平面图以及制定技术节约措施。

②设计概算。设计概算是由设计单位编制的一种工程费用文件，其编制依据是初步设计图纸、概算定额及基建主管部门颁发的有关取费规定。

③施工图预算。施工图预算是指由设计单位通过计算编制的单位或单项工程建设费用文件，其编制依据是施工图设计要求的工程量、施工组织设计、现行工程预算定额及基建主管部门规定的有关取费标准。

④施工预算。施工预算是一种经济文件，它用施工定额水平反映完成一个单位工程所需的费用，其依据是施工图计算的分项工程量。

施工预算包括工程量、人工数量和材料限额耗用数量。工程量是指按施工图和施工定额的口径规定计算的分项、分层、分段工程量。确定人工数量时根据工程量及时间定额计算出用工量，再计算出单位工程总用工数和人工数。而材料限额耗用数量是根据工程量和材料耗用定额计算出的分项、分层、分段材料需用量；施工预算时，还要汇总成单位工程材料用量并计算单位工程材料费。

⑤施工任务书。施工任务书是施工生产企业按照施工预算和作业计划把生产任务具体落实到施工队组的一种书面形式，反映施工队组在计划期内所负责的工程项目、工程量和进度要求。施工任务书的主要内容包括生产任务、工期和定额用工；限额领料的数量及材料、用具的基本要求；按人逐日实行作业考勤；质量、安全、协作工作范围等交底；技术措施要求；检查、验收、鉴定、质量评比及结算。

⑥技术节约措施。技术节约措施采取得当，可以降低材料消耗，保证工程质量。企业定额通常是在一般的施工方法和技术条件下确定的，所以为了保证技术

节约措施的有力、有效实施，确定定额用料时还应考虑以节约措施计划为计算依据。

⑦混凝土及砂浆的试配资料。混凝土及砂浆的质量直接影响到工程质量，定额中的混凝土及砂浆消耗标准是根据标准的材质确定的。但是工程中实际采用的材质或多或少与标准有一定差距，要保证工程质量，必须对施工中实际进场的混凝土及砂浆进行试配和试验，并根据试验合格后的用料消耗标准计算定额。

⑧技术翻样和图纸、资料。技术翻样和相关的图纸、资料是确定限额领料的依据之一，主要针对门窗、五金、油漆、钢筋等材料而言。门窗可以根据图纸、资料按有关标准图集给出加工单，而五金、油漆的式样、颜色和规格等要经过与建设单位协商，根据图纸和现有资源确定；钢筋、铁件等也要根据图纸、资料及工艺要求由技术部门提供加工单。

⑨新的补充定额。新的补充定额是对原材料消耗定额的补充或修订，具体根据工艺、材料和管理方法等的变化情况而定。

2）限额领料数量的确定依据。限额领料的数量和形式无关，遵循共同的原则和依据。只是对于不同的形式，所限的数量和范围不同。

①工程量。正确的工程量是计算限额数量的基础。正常情况下，工程量是一个确定的值，但是在实际施工中，由于设计变更、施工人员不按图纸或违规操作等原因，都会引起工程量的变化。因此，计算工程量时要考虑可能发生的变更，还要注意完成部分的工程量的验收，力求正确计算，作为考核依据。

②定额的选用。定额的正确选用是计算限额数量的标准。选用定额时，根据施工项目找出定额的相应章节，再查找相应定额，还要注意定额的换算。

③技术措施。若施工项目采用技术节约措施，必须根据新规定的单方用料量确定限额数量。

3）限额领料数量的计算。

限额领料数量＝计划实物工程量×材料消耗施工定额－技术组织措施节约额

（3）限额领料的程序。限额领料的执行程序包括限额领料单的签发、下达、应用、检查、验收、结算和分析。

1）限额领料单的签发。签发限额领料单，要由生产计划部门根据分部分项工程项目、工程量和施工预算编制施工任务书，由劳动定额员计算用工数量，然后由材料员按照企业现行内部定额扣除技术节约措施的节约量，计算限额用料数量，填写施工任务书的限额领料部分或签发限额领料单。

在签发过程中，要准确选用定额。若项目采取了技术节约措施，则应按通知单所列配合比单方用量加损耗签发。

2）限额领料单的下达。限额领料单的下达是限额领料的具体实施过程的第一步，一般一式五份，分别交由生产计划部门、材料保管员、劳资部门、材料管理部门和班组。限额领料单要注明质量等部门提出的要求，由工长向班组下达和交底，对于用量大的领料单应进行书面交底。

所谓用量大的领料单，一般指分部位承包下达的施工队领料单，如结构工程既有混凝土，又有砌砖及钢筋、支模等；应根据月度工程进度，列出分层次分项目的材料用量，以便控制用料及核算，起到限额用料的作用。

3）限额领料单的应用。限额领料单的应用是保证限额领料实施和节约使用材料的重要步骤。班组料具员持限额领料单到指定仓库领料，材料保管员按领料单所限定的品种、规格和数量发料，并做好领用记录。在领料和发料过程中，双方办理领发手续，在领料单中注明用料的单位工程和班组、材料的品种、规格、数量及领用日期，并签字确认。

材料使用部门要对领出的材料做到妥善保管、专料专用。同时，料具员要做好核算工作，出现超额用料时，必须由工长出具借料单，材料人员可以借用一定量的用料，并在规定期限内补办手续，否则将停止发料。限额领料单的应用过程中会出现一些问题，这些问题必须按规定处理好才不会影响材料的领发和使用，主要包括以下几点：

①由于气候或天气原因需要中途变更施工项目，领料单中相应项目也要变动处理。

②由于施工部署的变化导致施工项目的做法变化，领料单中的项目要做相应增减。

③由于材料供应变更导致原施工项目的用料需要变化，领料单需要重新调整。

④领料单中的项目到期没有完成的，按实际完成量验收结算，剩余部分下一期重新下达。

⑤施工中常出现的两个或两个以上班组合用一台搅拌机的情况，仍分班组核算。

4）限额领料单的检查。限额领料过程中，班组的用料会受到很多因素的影响。要使班组正确执行定额用料，实行节约措施，材料人员必须深入现场，调查研究，对限额领料单进行检查，发现问题并解决问题。检查限额领料单的内容包括：检查施工项目、检查工程量、检查操作、检查措施的执行、检查活完脚下清。

①检查施工项目。就是要检查班组用料是否做到专料专用，按照用料单上的项目进行施工。实际施工过程中，由于各种因素的影响，施工项目变动比较多，工程量和材料用量也随之变动，这样可能出现用料串项问题。在限额领料中，应经常对以下方面进行检查：

a. 设计变更的项目有无变化。

b. 用料单所包括的施工项目是否已做，是否甩项，是否做齐。

c. 项目包括的内容是否全部完成。

d. 班组是否做限额领料单以外的项目。

e. 班组之间是否有串料项目。

②检查工程量。就是要检查班组已经验收的工程项目的工程量与用料单所下达的工程量是否一致。用料的数量是根据班组承担的工程项目的工程量来计算的。检查工程量，可以促使班组严格按照规范施工，保证实际工程量不超量，材料不超耗。对于不能避免的或已经造成的工程量超量，要通过检查结果，根据具体情况做出相应的处理。

③检查操作。就是检查班组施工过程中是否严格按照定额或技术节约措施规定的规范进行操作，已达到最佳预期效果。对于工艺比较复杂的工程项目，应该重点检查主要项目和容易错用材料的项目。

④检查措施的执行。就是在施工过程中，检查技术节约措施的执行情况。技术节约措施的执行情况直接影响节约效果，所以不但要按照措施规定的配合比和掺和料签发用料单，还应经常检查并及时解决执行中存在的问题，达到节约的目的。

⑤检查"活完脚下清"。就是在施工项目完成后，检查用料有无浪费，材料是否剩余。施工班组要做到砂浆不过夜、灰槽不剩灰、半砌砖上墙、大堆材料清底使用、运料车严密不漏、装车不要过高、运输道路保持平整；剩余材料及时清理，做到有条件的随用随清，不能随用的集中起来分选再利用，这样有利于材料节约和人员安全。

5）限额领料单的验收。限额领料单的验收工作由工长组织有关人员完成。施工项目完成后，工程量由工长验收签字，由统计、预算部门审核；工程质量由技术质量部门验收、签署意见；用料情况由材料部门验收、签署意见，合格后办理退料手续，验收记录见表2-2。

表2-2 限额领料"五定五保"验收记录

项 目	施工队"五定"	班组"五保"	验收意见
工期要求			
质量校准			
安全措施			
节约措施			
协 作			

6）限额领料单的结算。限额领料单验收合格后，送交材料管理员进行结算。材料员根据验收后的工程量和工程质量计算班组实际应用量和实际耗用量，结算盈亏，最后根据已结算的限额用料单登入班组用料台账，定期公布班组用料节超情况，以此进行评比和奖励。结算表见表2-3。

表2-3 分部分项工程材料承包结算表

单位名称		工程名称		承包项目	
材料名称					
施工图预算用量					
发包量					
实耗量					
实耗与施工图预算比					
实耗与发包量比					
节超价值					
提奖率					
提奖额					
主管领导审批意见			材料部门审批意见		
（盖章） 年 月 日			（盖章） 年 月 日		

限额领料单的结算中要注意：施工任务书的个别项目因某种原因由工长或生产部门进行更改，原项目未做或中途增加了新项目，这就需要重新签发用料单并与实际耗用量进行对比；某一施工项目中，由于上道工序造成下道工序材料超耗

时，应按实际验收的工程量计算材料用量后再进行结算；要求结算的任务书、材料耗用量与班组领料单实际耗用量及结算数字要交圈对口。

（4）限额领料单的分析。限额领料单的分析，是根据结算所得的盈亏数量进行节超分析，根据定额的执行情况查找节超原因，以发现问题，加强管理，总结经验，进一步降低材料消耗。分析结果留存还可以作为日后修订和补充限额领料的依据。

3. 材料配套供应

材料配套供应，是指在一定时间内，对某项工程所需的各种材料，包括主要材料、辅助材料、周转使用材料和工具用具等，根据施工组织设计要求，通过综合平衡，按材料的品种、规格、质量、数量配备成套，供应到施工现场。

建筑材料配套性强，任何一个品种或一个规格出现缺口，都会影响工程进行。只有各种材料齐备配套，才能保证工程顺利建成投产。材料配套供应是材料供应管理重要的一环，也是企业管理的一个组成部分，需要企业各部门密切配合协作，把材料配套供应工作搞好。

（1）做好配套供应的准备工作。

1）掌握材料需用计划和材料采购供应计划。要做好材料的配套供应工作，首先要切实查清工程所需各项材料的名称、规格、质量、数量和需用时间，使配套有据。

2）掌握可以使用的材料资源。掌握包括内部各级库存现货，在途材料，合同期货和外部调剂资源，加工、改制利用、代用资源等在内的材料资源，使配套有货。

3）保证交通运输条件。对于运输工具和现场道路应与有关部门配合，保证现场运输路线畅通。

4）做好交底工作。与施工部门密切配合，对生产班组做好关于配套供应的交底工作，要求班组认真执行，防止发生浪费而打乱配套计划。

（2）材料平衡配套方式。

1）会议平衡配套。会议平衡配套又称集中平衡配套。一般是在安排月度计划前，由施工部门预先提出需用计划，材料部门深入施工现场，对下月施工任务与用料计划进行详细核实摸底，并结合材料资源进行初步平衡，然后在各基层单位参加的定期平衡调度会上互相交换意见，解决临时出现的问题，确定材料配套供应计划。

2）重点工程平衡配套。列入重点的工程项目，由主管领导主持召开专项会议，研究所需用材料的配套工作，决定解决办法，做到安排一个，落实一个，解决一个。

3）巡回平衡配套。巡回平衡配套，指定期或不定期到各施工现场，了解施工生产需要，组织材料配套，解决施工生产中的材料供需矛盾。

4）开工、竣工配套。开工配套以结构材料为主，目的是保证工程开工后连续施工。竣工配套以装修和水、电安装材料以及工程收尾用料为主，目的是保证工程迅速收尾和施工力量的顺利转移。

5）与建设单位协作平衡配套。施工企业与建设单位分工组织供料时，为了使建设单位供应的材料与施工企业的市场采购、调剂的材料协调起来，应互相交换备料、到货情况，共同进行平衡配套，以便安排施工计划，保证材料供应。

（3）配套供应的方法。

1）以单位工程为配套供应的对象。采取单项配套的方法，保证单位工程配套的实现。配套供应的范围，应根据工程的实际条件来确定。例如以一个工程项目中的土建工程或水电安装工程为配套供应对象。对这个单位工程所需的各种材料、工具、构件、半成品等，按计划的品种、规格、数量进行综合平衡，按施工进度有秩序地供应到施工现场。

2）以一个工程项目为对象进行配套供应。由于牵涉到土建、安装等多工种的配合，所需料具的品种规格更为复杂，这种配套方式适用于由现场项目部统一指挥、调度的工程和由现场型企业承建的工程。

3）大部分配套供应。采用大分部配套供应，有利于施工管理和材料供应管理。把工程项目分为基础工程、框架结构工程、砌筑工程、装饰工程、屋面工程等几个大分部，分期分批进行材料配套供应。

4）分层配套供应。对于半成品和钢木门窗、预制构件、预埋铁件等，按工程分层配套供应。这个办法可以少占堆放场地，避免堆放挤压，有利于定额耗料管理。

5）配套与计划供应相结合。综合平衡、计划供应是过去和现在通常使用的供应管理方式。有配套供应的内涵，但计划编制一般比较粗糙，往往要经过补充调整才能满足施工需要，对于超计划用料，也往往掌握不严，难以杜绝浪费。计划供应与配套供应相结合，首先对确定的配套范围，认真核实编好材料配套供应计划，经过综合平衡后，切实按配套要求把材料供应到施工现场，并对超计划用料问题认真掌握和控制。这样的供应计划，更切合实际，更能满足施工生产需要。

6）配套与定额管理相结合。定额管理主要包括两个内容，一是定额供料，二是定额包干使用。配套供应必须与定额管理结合起来，不但配套供料计划要按材料定额认真计算，而且要在配套供应的基础上推行材料耗用定额包干，这样可以提高配套供应水平和提高定额管理水平。

7）周转使用材料的配套供应。周转使用材料也要进行配套供应，应以单位工程对象，按照定额标准计算出实际需用量，按施工进度要求，编制配套供应计划，按计划进行供应。以扣件式钢管脚手架为例，某宿舍 1200m² 墙面，使用扣件单排脚手架（高 20m），按定额指标计算，需用立杆 575m，大横杆 880m，小横杆 750m，剪刀撑、斜杆 210m；直角扣件 879 个，对接拐杖件 220 个，回转扣件 50 个，底座 32 个。按施工计划经平衡确定后，应把所需脚手架料配套供应到施工现场。各种管件必须齐备成套，缺少其中任何一种都会影响施工。

七、材料消耗定额管理

1. 材料消耗定额的分类

根据不同的划分标准，材料消耗定额有着不同的划分方法。

（1）按照材料的类别划分。材料消耗定额按照材料类别不同可以分为主要材料消耗定额、周转材料消耗定额和辅助材料消耗定额。

1）主要材料消耗定额。主要材料是指建筑上直接用于构成工程主要实体的各项材料，例如钢材、木材、水泥、砂石等。这些材料通常是一次性消耗，且其费用在材料费用中占较大的比重。主要材料消耗定额按品种确定，由构成工程实体的净用量和合理损耗量组成。

2）周转材料消耗定额。周转材料是指在施工过程中能反复多次周转使用，而又基本上保持原有形态的工具性材料。周转材料经多次使用，每次使用都会产生一定的损耗，直至失去使用价值。周转材料消耗定额与周转材料需用数量及该周转材料周转次数有关，其计算方法是：

$$周转材料消耗定额 = \frac{单位实物工程量需要周转材料数量}{该周转材料周转次数}$$

3）辅助材料消耗定额。辅助材料与主要材料相比，其用量少，不直接构成工程实体，多数也可反复使用。辅助材料中的不同材料有不同特点，所以辅助材料消耗定额可按分部分项工程的工程量计算实物量消耗定额，也可按完成建筑安装工作量或建筑面积计算货币量消耗定额，还可按操作工人每日消耗辅助材料数量计算货币量消耗定额。

（2）按照定额的用途划分。材料消耗定额按照用途不同可以分为材料消耗的概（预）算定额、材料消耗施工定额和材料消耗估算指标。

1）材料消耗概（预）算定额。材料消耗概（预）算定额是由各省、市基建主管部门按照分部分项工程编制的，其编制工作以一定时期内执行的标准设计或典型设计为依据，遵照建筑安装工程施工及验收规范、质量评定标准及安全操作规程，还要参考当地社会劳动消耗的平均水平、合理的施工组织设计和施工条件。

材料消耗概（预）算定额，是计取各项费用的基本标准，是进行工程材料结算、计算工程造价和编制建筑安装施工图预算的法定依据。

2）材料消耗施工定额。材料消耗施工定额由建筑企业结合自身在目前条件下可能达到的水平自行编制的材料消耗标准，反映了企业的管理水平、工艺水平和技术水平。材料消耗施工定额是材料消耗定额中划分最细的定额，具体反映了每个部位或分项工程中每一操作项目所需材料的品种、规格和数量。在同一操作项目中，同一种材料消耗量，在施工定额中的消耗数量低于概（预）算定额中的数量标准，也就是说，材料消耗施工定额的水平高于材料消耗概（预）算定额。

"两算"指的是施工预算与施工图预算，"两算对比"是指按照设计图纸和材料消耗概（预）算定额计算的施工图预算材料需用量，与按照施工操作工法和材料消耗施工定额计算的施工预算材料需用量之间的对比。材料消耗施工定额是材料部门进行两算对比的内容之一，是企业内部实行经济核算和进行经济活动分析的基础，是建设项目施工中编制材料需用计划、组织定额供料和企业内部考核、开展劳动竞赛的依据。

3）材料消耗估算定额。材料消耗估算定额是以材料消耗概（预）算定额为基础，以扩大的结构项目形式表示的一种定额。在施工技术资料不全且有较多不确定因素的情况下，通常用材料消耗估算定额来估算某项（类）工程或某个部门的建筑工程所需主要材料的数量。材料消耗估算定额是非技术性定额，不能用于指导施工生产；主要用于审核材料计划、考核材料消耗水平，也可作为编制初步概算、年度材料计划，控制经济指标，备料和估算主要材料需用量的依据。

材料消耗估算定额通常有两种表示方法。一种是以企业完成的建筑安装工作量和材料消耗量的历史统计资料测算的材料消耗估算定额，其计算方法是：

$$每万元工作量的某材料消耗量 = \frac{统计期内某种材料消耗总量}{该统计期内完成的建筑安装工作量（万元）}$$

这种估算定额属于经验定额，使用这一定额时，要结合计划工程项目的有关情况进行分析，适当予以调整。

另一种是按完成建筑施工面积和完成该面积所消耗的某种材料测算的材料消耗估算指标，其计算方法是：

$$每平方米建筑面积的某材料消耗量 = \frac{统计期内某种材料消耗量}{该统计期内完成的建筑施工面积（m^2）}$$

这种估算定额也是一种经验定额，不受价格的影响，但受到不同项目结构类型、设计选用的不同材料品种和其他变更因素的影响，使用时要根据实际情况进行适当调整。

（3）按定额的适用范围划分。材料消耗定额按适用范围不同可以分为生产用材料消耗定额、建筑施工用材料消耗定额和经营维修用材料消耗定额。

1）生产用材料消耗定额。生产用材料消耗定额是指包括建筑企业在内的工业生产企业生产产品时所消耗材料的数量标准。基于类似的技术条件、操作方法和生产环境，可参照工业企业的生产规律，根据不同的产品按其材料消耗构成拟定生产用材料消耗定额。

2）建筑施工用材料消耗定额。建筑施工用材料消耗定额是建筑企业施工的专用定额，是根据建筑施工特点，结合当前建筑施工常用技术方法、操作方法和生产条件确定的材料消耗定额标准。

3）经营维修用材料消耗定额。经营维修用料不同于建材制品生产用料和施工生产用料，它具有用量零星、品种分散的特点，没有固定的、具体的产品数量。经营维修用材料消耗定额是根据经营维修的不同内容和不同特点，以一定时期的维修工作量所耗用的材料数量作为消耗标准的一种定额。

2. 编制材料消耗定额的步骤

（1）确定净用量。材料消耗的净用量，一般用技术分析法或现场测定法计算确定。如果是混合性材料，如各类混凝土及砂浆等，则先求所含几种材料的合理配合比，再分别求得各种材料的用量。

（2）确定损耗率。建设工程的设计方案确定后，材料消耗中的净用量是不变的，定额水平的高低主要表现在损耗的大小上。正确确定材料损耗率是制定材料消耗定额的关键。

（3）计算定额耗用量。材料配合比和材料损耗率确定以后，就可以核定材料耗用量了。根据规定的配合比，计算出每一单位产品实体需用材料的净用量，再按损耗率和算出的净用量，或者采用现场测定法测出实际的损耗量，运用下列公式计算材料消耗定额。

1）损耗率 $= \dfrac{损耗量}{总消耗量} \times 100\%$

2）损耗量 $=$ 总消耗量 $-$ 净用量

3）净用量 $=$ 总消耗量 $-$ 损耗量

4）总消耗量 $= \dfrac{净用量}{1-损耗率} =$ 净用量 $+$ 损耗量

3. 材料消耗概算定额的编制方法

材料消耗概算定额是以某个建筑物为单位或某种类型、某个部门的许多建筑物为单位编制的定额，表现为每万元建筑安装工作量、每平方米建筑面积的材料消耗量。材料消耗概算定额是材料消耗预算定额的扩大与合并，比材料消耗预算定额粗略，一般只反映主要材料的大致需要数量。

（1）编制材料消耗概算定额的基本方法。

1）统计分析法。对一个阶段实际完成的建筑安装工作量、竣工面积、材料消耗情况，采用统计分析法计算确定材料消耗概算定额。主要计算公式如下：

$$每万元建筑安装工作量的某种材料消耗量 = \frac{报告期某种材料总消耗量}{报告期建筑安装工作量（万元）}$$

$$\begin{array}{c}某类型工程或某单位工程\\每平方米竣工面积的材料消耗量\end{array} = \frac{某类型工程或某单位工程材料总消耗量}{某类型工程或某单位工程的竣工面积（m^2）}$$

2）技术计算法。根据建筑工程的设计图纸所反映的实物工程量，用材料消耗预算定额计算出材料消耗量，加以汇总整理而成。计算公式同上。

（2）材料消耗概算定额应按不同情况分类编制。

1）按不同阶段制定材料消耗概算定额。一个系统综合一个阶段（一般为一年）内完成的建筑安装工作量、竣工面积、材料实耗数量计算万元定额或平方米定额。

2）按不同类型工程制定材料消耗概算定额。以上综合性材料消耗概算定额在任务性质相仿的情况下是可行的。但如果年度中不同类型的工程所占比例不同，最好按不同类型分别计算制定材料消耗概算定额，以求比较切合实际。

3）按不同类型工程和不同结构制定材料消耗概算定额。同一类型的工程，当其结构特点不同时，耗用材料数量也不同。为了适合各个工程不同结构的特点，应进一步按不同结构制定材料消耗概算定额。

八、材料成本核算管理

工程成本核算是指对企业已完工程的成本水平，执行成本计划的情况进行比较，是一种既全面而又概略的分析方法。工程成本按其在成本管理中的作用有三种表现形式：预算成本、计划成本和实际成本。

1. 预算成本

预算成本，是根据构成工程成本的各个要素，按编制施工图预算的方法确定的工程成本，是考核企业成本水平的重要标尺，也是结算工程价款、计算工程收入的重要依据。

2. 计划成本

计划成本，是施工企业为了加强成本管理，在生产过程中有效地控制生产成本所确定的工程成本目标值。计划成本应根据施工图预算，结合单位工程的施工组织设计和技术组织措施计划、管理费用计划确定。计划成本是结合企业实际情况确定的工程成本控制额，是控制和检查成本计划执行情况的依据，是企业降低消耗的目标。

3. 实际成本

实际成本，是指企业完成建筑安装工程实际发生的应计入工程成本的各项费用之和，是企业生产实际耗费在工程上的综合反映，是影响企业经济效益高低的重要因素。

工程成本核算，首先是将工程的实际成本与预算成本进行比较，考查工程成本是节约还是超支；其次是将工程实际成本与计划成本进行比较，检查企业执行成本计划的情况，考查实际成本是否控制在计划成本范围之内。预算成本和计划成本的考核，都要从工程成本总额和成本项目两个方面进行。在考核成本变动时，要借助两个指标，即成本降低额和成本降低率。成本降低额包括预算成本降低额和计划成本降低额，用以反映成本节超的绝对额；成本降低率包括预算成本降低率和计划成本降低率，用以反映成本节超的幅度。

第三章

现场施工材料管理规定及制度

一、施工项目材料现场管理要求

1. 施工项目材料管理主要内容

施工项目材料管理是项目经理部为顺利完成项目施工任务，从施工准备开始到项目竣工交付为止，所进行的材料计划、订货采购、运输、库存保管、供应、加工、使用、回收等所有材料管理工作。施工项目材料管理的主要内容有以下几个方面：

（1）项目材料管理体系和制度的建立。建立施工项目材料管理岗位责任制，明确项目材料的计划、采购、验收、保管、使用等各环节管理人员的管理责任以及管理制度。实现合理使用材料，降低材料成本的管理目标。

（2）材料流通过程的管理。包括材料采购策划、供方的评审和评定、合格供货商的选择、采购、运输、仓储等材料供应过程所需要的组织、计划、控制、监督等各项工作。实现材料供应的有效管理。

（3）材料使用过程管理。包括材料进场验收、保管出库、材料领用、材料使用过程的跟踪检查、盘点，剩余物质的回收利用等，实现材料使用消耗的有效管理。

（4）材料节约。探索节约材料，研究代用材料，降低材料成本的新技术、新途径和先进科学方法。

2. 施工现场材料管理主要工作

（1）材料进场验收。项目材料验收是材料由采购流通向消耗转移的中间环节，是保证进入现场的材料满足工程质量标准、满足用户使用功能、确保用户使用安全的重要管理环节。材料进场验收的管理流程如图3-1所示。

1）材料进场验收准备。

①做好验收工具的准备。针对不同材料的计量方法准备所需的计量器具。

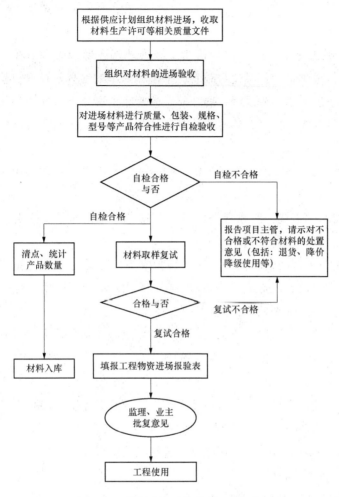

图 3-1　材料进场验收的管理流程图

②做好验收资料的准备。包括材料计划、合同、材料的质量标准等。

③做好验收场地及保存设施的准备。根据现场平面布置图，认真做好材料的堆放和临时仓库的搭设，要求做到有利于材料的进出和存放，方便施工、避免和减少场内二次搬运；准备露天存放材料所用的覆盖材料。易燃、易爆、腐蚀性材料，还应准备防护用品用具。

2）核对资料。核对到货合同、发票、发货明细、以及材质证明、产品出厂合格证、生产许可证、厂名、品种、出厂日期、出厂编号、试验数据等等有关资料，查验资料是否齐全、有效。

3）材料数量检验。材料数量检验应按合同要求、进料计划、送料凭证，可采取过磅称重、量尺换算、点包点件等检验方式。核对到货票证标识的数量与实物数量是否相符，并做好记录。

4）材料质量检验。材料质量检验又分为外观质量检验和内在质量检验。外观质量检验是由材料验收员通过眼看、手摸和简单的工具，查看材料的规格、型号、尺寸、颜色、完整程度等。内在质量的验收主要是指对材料的化学成分、力学性能、工艺性能、技术参数等的检测，通常是由专业人员负责抽样送检，采用试验仪器和测试设备检测。

要求复检的材料要有取样送检证明报告；新材料未经试验鉴定，不得用于工程中；现场配制的材料应经试配，使用前应经认证。

5）办理入库手续。验收合格的材料，方可办理入库手续。由收料人根据来料凭证和实际数量出具收料单。

6）验收中出现问题的处理。在材料验收中，对不符合计划要求或质量不合格的材料，应更换、退货或让步接收（降级使用），严禁使用不合格的材料。若发现下列情况，应分别处理：

①材料实到数量与单据或合同数量不同，及时通知采购人员或有关主管部门与供货方联系确定，并根据生产需要的缓急情况，可以按照实际数量验收入库，保证施工急需。

②质量、规格不符的，及时通知采购人员或有关主管部门，不得验收入库。

③若出现到货材料证件资料不全和对包装、运输等存在疑义时应作待验处理。待验材料也应妥善保管，在问题没有解决前不得发放和使用。

（2）材料储存保管。

1）材料储存保管的一般要求如下：

①材料仓库或现场堆放的材料必须有必要的防火、防雨、防潮、防盗、防风、防变质、防损坏等措施。

②易燃易爆、有毒等危险品材料，应专门存放，专人负责保管，并有严格的安全措施。

③有保质期的材料应做好标识，定期检查，防止过期。

④现场材料要按平面布置图定位放置，并有保管措施，符合堆放保管制度。

⑤对材料要做到日清、月结、定期盘点、账物相符。

⑥材料保管应特别注意性能互相抵触的材料应严格分开；如酸和碱，橡胶制品和油脂，酸、稀料等液体材料与水泥、电石、滑石粉、工具、配件等怕水、怕潮材料都要严格分开，避免发生相互作用而降低使用性能甚至破坏材料性能的情

况。进库的材料须验收后入库，按型号、品种分区堆放，并编号、标识，建立台账。

2）材料保管场所。

①封闭库房。材料价值高、易于被偷盗的小型材料，怕风吹日晒雨淋，对温、湿度及有害气体反应较敏感的材料应存放在封闭库房。如水泥、镀锌板、镀锌管、胶黏剂、溶剂、外加剂、水暖管件、小型机具设备、电线电料、零件配件等均应在封闭库房保管。

②货棚。不易被偷盗、个体较大、只怕雨淋、日晒，而对温度、湿度要求不高的材料，可以放在货棚内。如陶瓷制品、散热器、石材制品等均可在货棚内存放。

③料场。存放在料场的材料，必然是那些不怕风吹、日晒、雨淋，对温、湿度及有害气体反应不敏感的材料；或是虽然受到各种自然因素影响，但在使用时可以消除影响的材料，如钢材中大型型材、钢筋、砂石、砖、砌块、木材等，可以存放在料场。料场一般要求地势较高，地面夯实或进行适当处理，如做混凝土地面或铺砖。货位铺设垛基垫起，离地面 30～50cm，以免地面潮气上返。

④特殊材料仓库。对保管条件要求较高，如需要保温、低温、冷冻、隔离保管的材料，必须按保管要求，存放在特殊库房内。如汽油、柴油、煤油等燃料必须分别在单独库房保管；氧气、乙炔应专设库房；毒害品必须单独保管。

3）材料的码放。材料码放形状和数量，必须满足材料性能要求，具体如下：

①材料的码放形状，必须根据材料性能、特点、体积特点确定。

②材料的码放数量，首先要视存放地点的地坪负荷能力而确定，以使地面、垛基不下陷，垛位不倒塌，高度不超标为原则。同时根据底层材料所能承受的重量，以材料不受压变形、变质为原则。避免因材料码放数量不当造成材料底层受压变形、变质，从而影响使用。

4）按照材料的消防性能分类设库。材料的安全消防不同的材料性能决定了其消防方式有所不同。材料燃烧有的宜采用高压水灭火，有的只能使用干粉灭火器或黄砂灭火；有的材料在燃烧时伴有有害气体挥发，有的材料存在燃烧爆炸危险，所以现场材料应按材料的消防性能分类设库。

5）材料保养。材料在库存阶段还需要进行认真的保养，避免因外界环境的影响造成所保管材料的性能的损失。

①为防止金属材料及金属制品产生锈蚀而采取的除锈保养。

②为避免由于油脂干脱造成其性能受到影响的工具、用具、配件、零件、仪

表、设备等需定期进行涂油保养。

③对于易受潮材料采用日晒、烘干、翻晾，使吸入的水分挥发；或在库房内放置干燥剂吸收潮气，降低环境湿度的干燥保养。

④对于怕高温材料，在夏季采用房顶喷水、室内放置冰块、夜间通风等措施的降温保养。

⑤对于易受虫、鼠侵害的材料，进行喷洒、投放药物，减少损害防虫和鼠害的保养措施。

6）材料标识管理。

①材料基本情况标识。入库或进入现场的材料都应挂牌进行标识，注明材料的名称、品种、规格（标号）、产地、进货日期、有效期等。

②状态标识。仓库及现场设置物资合格区、不合格区、待检区，标识材料的检验状态（合格、不合格、待检、已检待判定）。

③半成品标识。半成品的标识是通过记号、成品收库单、构件表及布置图等方式来实现的。

④标牌。标牌规格应视材料种类和标注内容选择适宜大小（一般可用250mm×150mm、80mm×60mm等）的标识牌来标识。

（3）材料发放。

1）项目经理部对现场物资严格坚持限额领料制度，控制物资使用，定期对物资使用及消耗情况进行统计分析，掌握物资消耗、使用规律。

2）超限额用料时，必须事先办理手续，填限额领料单，注明超耗原因，经批准后，方可领发材料。

3）项目经理部物资管理人员掌握各种物资的保持期限，按"先进先出"原则办理物资发放，不合格物资登记申报并进行追踪处理。

4）核对凭证材料。出库凭证是发放材料的依据，要认真审核材料发放地点、单位、品种、规格、数量，并核对签发人的签章及单据、有效印章，无误后方可进行发放。

5）物资出库时，物资保管人员和使用人员共同核对领料单，复核、点交实物，保管员登卡、记账；凡经双方签认的出库物资，由现场使用人员负责运输、保管。

6）检查发放的材料与出库凭证所列内容是否一致，检查发放后的材料实存数量与账务结存数量是否相符。

7）项目经理部要对物资使用情况定期进行清理分析，随时掌握库存情况，及时办理采购、申请补足，保证材料正常供应。

8）建立领发料台账，记录领发状况和节超状况。

（4）材料使用监督。对于发放后投入使用的材料，项目经理部相关人员对于材料的使用进行如下监督管理。

1）组织原材料集中加工，扩大成品供应。根据现场条件，将混凝土、钢筋、木材、石灰、玻璃、油漆、砂、石等不同程度地集中加工处理。

2）坚持按分部工程或按层数分阶段进行材料使用分析和核算，以便及时发现问题，防止材料超用。

3）现场材料管理责任者应对现场材料使用进行分工监督、检查。

4）认真执行领发料手续，记录好材料使用台账。

5）按施工场地平面图堆料，按要求的防护措施保护材料。

6）按规定进行用料交底和工序交接。

7）严格执行材料配合比，合理用料。

8）做到工完场清，要求"谁做谁清，随做随清，操作环境清，工完场地清"。

9）回收和利用废旧材料，要求实行交旧（废）领新、包装回收、修旧利废。

①施工班组必须回收余料，及时办理退料手续，在领料单中登记扣除。

②余料要造表上报，按供应部门的安排办理调拨和退料。

③设施用料、包装物及容器等，在使用周期结束后组织回收。

④建立回收台账，记录节约或超领记录。

3. 施工项目周转材料管理

（1）周转材料的分类。

1）按材料的自然属性划分。周转材料按其自然属性可分为钢质、木质和复合型三类。钢质周转材料主要有定型组合钢模板、大钢模板、钢脚手板等；木质周转材料主要有木模板、杉槁架木、木脚手板等；复合型周转材料包括竹木、塑钢周转材料，如酚醛覆膜胶合板等。

近年来，通过在原有基础上的改进和提高，传统的杉槁、架木、脚手板等"三大工具"已经被高频焊管和钢制脚手板所替代，木模板也基本由钢模板所取代。这些都有利于周转材料的工具化、标准化和系列化。

2）按使用对象划分。周转材料按使用对象可分为混凝土工程用周转材料、结构及装修工程用周转材料和安全防护用周转材料三类。

（2）周转材料管理的任务。周转材料的管理任务，就是以满足施工生产要求为前提，为保证施工生产任务的顺利进行，以最低的费用实现周转材料的使用、养护、维修、改制及核算等一系列工作。

1）准备周转材料。根据施工生产的需要，及时、配套地提供足够的、适用的周转材料。

2）制定管理制度。各种周转材料具有不同的特点，建立健全相应的管理制度和办法，可以加速周转材料的流转，以较少的投入发挥更大的能效。

3）加强养护维修。加强对周转材料的养护维修，可以延长周转材料的使用寿命，提高使用效率。

（3）周转材料管理。周转材料的管理多采取租赁制，对施工项目实行费用承包，对班组实行实物损耗承包。一般是建立租赁站，统一管理周转材料，规定租赁标准及租用手续，制定承包办法。

租赁是产权的拥有方和使用方之间的一种经济关系，指在一定期限内，产权的拥有方为使用方提供材料的使用权，但不改变其所有权，双方各自承担一定的义务，履行契约。实行租赁制度的前提条件是必须将周转材料的产权集中于企业进行统一管理。

1）租赁方法。租赁管理应根据周转材料的市场价格及摊销额度的要求测算租金标准。其计算公式是：

$$日租金 = \frac{月摊销费 + 管理费 + 保养费}{月度日历天数}$$

式中，"管理费"和"保养费"均按材料原值的一定比例计取，一般不超过原值的 2%。

租赁需签订租赁合同，在合同中应明确：租赁的品种、规格、数量，并附租用物明细表以备核查；租用的起止日期、租用费用以及租金结算方式；使用要求、质量验收标准和赔偿办法；双方的责任、义务及违约责任的追究和处理。

通过对租赁效果的考核可以及时找出问题，采取相应的有效措施提高租赁管理水平。主要考核指标有出租率、损耗率和周转次数。

①出租率。

$$出租率 = \frac{租赁期内平均出租数量}{租赁期内平均拥有量} \times 100\%$$

$$租赁期内平均出租数量 = \frac{租赁期内租金收入（元）}{租赁期内单位租金（元）}$$

式中，"租赁期内平均拥有量"是以天数为权数的各阶段拥有量的加权平均值。

②损耗率。

$$损耗率 = \frac{租赁期内损耗量总金额（元）}{租赁期内出租数量总金额（元）} \times 100\%$$

③周转次数。周转次数主要用来考核组合钢模板。

$$周转次数 = \frac{租赁期内钢模支模面积（m^2）}{租赁期内钢模平均拥有量（m^2）}$$

2）租赁管理过程。

①租用。工程项目确定使用周转材料后，应根据使用方案制定需用计划，由专人向租赁部门签订租赁合同，并做好周转材料进入施工现场的各项准备工作，如存放及拼装场地等。租赁部门必须按合同保证配套供应，并登记周转材料租赁台账。

②验收和赔偿。租用单位退租前必须清除混凝土灰垢，为验收创造条件。租赁部门对退库周转材料应进行外观质量验收。如有丢失或损坏应由租用单位赔偿。验收及赔偿都有一定的标准，对丢失或损坏严重的（指不可修复的，如管体有死弯、板面有严重扭曲等）按原值的50%赔偿；一般性损坏（指可以修复的，如板面打孔、开焊等）按原值的30%赔偿；轻微损坏（指不需使用机械，仅用手工即可修复的）按原值的10%赔偿。

③结算。租用天数一般指从提运的次日至退租日的日历天数，租金逐日计取、按月结算。租用单位实际支付的租赁费用包括租金和赔偿费。

$$租金 = \sum[租用数量 \times 单件日租金(元) \times 租用天数]$$

$$赔偿费 = \sum[丢失损坏数量 \times 单件原值(元) \times 相应赔偿率(\%)]$$

$$租赁费用(元) = 租金(元) + 赔偿费(元)$$

根据结算结果由租赁部门填制租金及赔偿结算单。为简化结算工作，也可直接根据租赁合同进行结算，这就要求加强合同的管理，严防遗失，避免错算和漏算。

3）周转材料的费用承包。周转材料的费用承包是指以单位工程为基础，在上级核定的费用额度内，组织周转材料的使用，实行节约有奖，超耗受罚的办法。费用承包管理是适应项目法施工的一种管理形式，或者说是项目法施工对周转材料管理的要求，包括签订承包协议、确定承包额和考核费用承包效果。

①签订承包协议。承包协议是对承、发包双方的责、权、利进行约束的内部法律文件。一般包括工程概况、应完成的工程量、需用周转材料的品种、规格、数量及承包费用、承包期限、双方的责任与权利、不可预见问题的处理以及奖罚等内容。

②承包额的确定。承包额是承包者所接受的承包费用的收入。承包额有两种确定方法，一种是扣额法，是按照单位工程周转材料的预（概）算费用收入，扣除规定的成本降低额后剩余的费用。计算公式如下：

扣额法费用收入（元）＝概（预）算费用收入（元）×（1－成本降低率）

另一种是加额法，是指根据施工方案所确定的使用数量，结合额定周转次数和计划工期等因素所限定的实际使用费用，加上一定的系数额作为承包者的最终费用收入。所谓系数额是指一定历史时期的平均耗费系数与施工方案所确定的费用收入的乘积。计算公式如下：

系数额＝施工方案确定的费用收入（元）×平均耗费系数

加额法费用收入（元）＝施工方案确定的费用收入（元）＋系数额（元）

＝施工方案确定的费用收入（元）×（1＋平均耗费系数）

$$平均耗费系数＝\frac{实际耗用量－定额耗用量}{实际耗用量}$$

③费用承包效果的考核。承包的考核和结算是将承包费用的收、支进行对比，出现盈余为节约，反之为亏损。

提高承包经济效果的基本途径有两条：首先在使用数量既定的条件下，努力提高周转次数；同时在使用期限既定的条件下，努力减少占用量。还应减少丢失和损坏数量，积极实行和推广组合钢模的整体转移，以减少停滞，加速周转。

4）周转材料的实物量承包。实物量承包的主体是施工班组，也称为班组定包。实物量承包是由班组承包使用，对施工班组考核回收率和损耗率，实行节约有奖、超耗受罚。在实行班组实物量承包过程中，要明确施工方法及用料要求，合理确定每次周转损耗率，抓好班组领、退的交点，及时进行结算和奖罚兑现。对工期较短、用量较少的项目，可对班组实行费用承包，在核定费用水平后，由班组向租赁部门办理租用、退租和结算，实行盈亏自负。实物量承包是费用承包的深入和继续，是保证费用承包目标值的实现和避免费用承包出现断层的管理措施。

无论是项目费用承包还是实物量承包，都应建立周转材料核算台账，记录项目租用周转材料的数量、使用时间、费用支出及班组实物量承包的结算情况。

4. 施工工具的管理

（1）施工工具的分类。工具是人们用以改变劳动对象的手段，是生产力三要素中的重要组成部分。工具可以多次使用、在劳动生产中能长时间发挥作用。

施工生产中用到的工具品种多、用量大，按不同的分类标准有多种分类方法。工具分类的目的是满足某一方面管理的需要，便于分析工具管理动态，提高工具管理水平。

　　1）按价值和使用期限分类。工具按价值和使用期限可以分为固定资产工具、低值易耗工具和消耗性工具。

　　①固定资产工具。固定资产工具是指使用年限在1年以上，单价在规定限额以上的工具。如50t以上的千斤顶、塔吊、水准仪、搅拌机等。

　　②低值易耗工具。低值易耗工具是指使用期限或单价低于固定资产标准的工具，如手电钻、灰槽、苫布、扳子、锤子等。

　　③消耗性工具。消耗性工具是指价格较低，使用寿命短，重复使用次数很少且无回收价值的工具，如铅笔、扫帚、油刷、锹把、锯片等。

　　2）按使用范围分类。工具按使用范围可分为专用工具和通用工具。

　　①专用工具。专用工具是指为完成特定作业项目或满足特殊需要所使用的工具。如量卡具、根据需要而自制或定购的非标准工具等。

　　②通用工具。通用工具是指使用广泛的定型产品，如扳手、锤子等。

　　3）按使用方式和保管范围分类。工具按使用方法和保管范围分为班组共用工具和个人随手工具。

　　①班组共用工具。班组共用工具是指在一定作业范围内为一个或多个施工班组共同使用的工具。它包括两种情况：一是在班组内共同使用的工具，一般固定给班组使用并由班组负责保管，如胶轮车、水桶等；二是在班组之间或工种之间共同使用的工具，按施工现场或单位工程配备，由现场材料人员保管，如水管、搅灰盘、磅秤等。

　　②个人随手工具。个人随手工具是指在施工生产中使用频繁，体积小、重量轻、便于携带，交由施工人员个人保管的工具，如瓦刀、抹子等。

　　4）按性能分类。工具按其性能分为电动工具和手动工具两类。

　　①电动工具。电动工具是以电动机或电磁铁为动力，通过传动机构驱动工作头的一种机械化工具。如电钻、混凝土振动器、电刨等。电动工具需要有接地、绝缘等安全防护。

　　②手动工具。手动工具有镘刀、托泥板、锄镐等。

　　5）按使用方向分类。工具按使用方向分为木工工具、瓦工工具、油漆工具等。这是根据不同工种区分的。

　　6）按产权分类。工具按其产权分为自有工具、借入工具和租赁工具。

（2）工具管理的任务及内容。

1）工具管理的任务。工具管理实质上是工具使用过程中的管理，是在保证生产适用的基础上延长工具使用寿命的管理。工具管理是施工企业材料管理的组成部分，直接影响着施工的顺利进行，又影响着劳动生产率和工程成本的高低。

①提供工具。工具管理首先是要及时、齐备地向施工班组提供适用、好用的工具，积极推广和采用先进工具，保证施工生产的顺利进行。

②管理工具。工具管理的另一个任务是采取有效的管理办法，延长工具的使用寿命，加速工具的流转，最大限度地发挥工具的效能，提高劳动生产效率。

③维修工具。工具管理还要做好工具的收发、保管、养护和维修等工作，保证工具的正常使用。

2）工具管理的内容。工具管理主要包括存储管理、发放管理和使用管理。

①储存管理。工具验收合格入库后，应按品种、规格、新旧和损坏程度分开存放；要遵循同类工具不得分存两处、成套工具不得拆开存放、不同工具不得叠压存放的原则；要做好工具的存储管理，必须制定合理的维护保养技术规程，如防锈防腐、防刃口碰伤、防日晒雨淋等，还要对损坏的工具及时维修，保证工具处于随时可用的状态。

②发放管理。为了便于考核班组执行工具费定额的情况，对按工具费定额发出的工具，都要根据工具的品种、规格、数量、金额和发出日期登记入账。对出租或临时借出的工具，要做好详细记录并办理有关租赁或借用手续，以便按期、按质、按量归还。同时做好废旧工具的回收、修理工作，坚持贯彻执行"交旧领新"、"交旧换新"和"修旧利废"等行之有效的制度。

③使用管理。应根据不同工具的性能和特点制定相应的工具使用技术规程和规则，并监督、指导班组按照工具的用途和性能合理使用，减少不必要的损坏、丢失。

（3）工具管理的方法。

1）工具租赁管理方法。工具租赁是指在不改变所有权的条件下，工具的所有者在一定的期限内有偿地向使用者提供工具的使用权，双方各自承担一定的义务的一种经济关系。工具租赁的管理方法适合于除消耗性工具和实行工具费补贴的个人随手工具以外的所有工具品种，具体包括以下几步工作：

①制定工具租赁制度。确定租赁工具的品种范围，制定有关规章制度，并设专人负责办理租赁业务。班组亦应指定专人办理租用、退租及赔偿事宜。

②测算租赁单价。日租金根据租赁单价或按照工具的日摊销费确定。计算公

式如下：

$$日租金 = \frac{工具的原值＋采购、维修、管理费用}{使用天数}$$

式中，"采购、维修、管理费"按工具原值的一定比例计算，一般为原值的1%～2%；"使用天数"可根据本企业的历史水平确定。

③工具出租者和使用者签订租赁协议。租赁协议应包括租用工具的名称、规格、数量、租用时间、租金标准、结算方法及有关责任事项等。

④建立租金结算台账。租赁部门应根据租赁协议建立租金结算台账，登记实际出租工具的有关事项。

⑤填写租金及赔偿结算单。租赁期满后，租赁部门根据租金结算台账填写租金及赔偿结算单。结算单中金额合计应等于租赁费和赔偿费之和，见表3-1。

表3-1   租金及赔偿结算单

合同编号：_____

工具名称	规格	单位	租赁费			赔偿费						合计金额
			租用天数	日租金	金额	原值	损坏量	赔偿比例	丢失量	赔偿比例	金额	

⑥租金费用来源。班组用于支付租金的费用来源是工具费收入和固定资产工具及大型低值工具的平均占用费。计算公式如下：

班组租金费用＝工具费收入＋固定资产工具和大型低值工具平均占用费
     ＝工具费收入＋工具摊销额×月利用率

班组所付租金，从班组租金费用中核减，由财务部门查收后作为工具费支出计入工程成本。

2）工具的定包管理方法。"生产工具定额管理、包干使用"简称"工具定包管理"，是施工企业对班组自有或个人使用的生产工具，按定额数量配发，由使用者包干使用，实行节奖超罚的一种管理方法。

工具定包管理一般在瓦工组、木工组、电工组、油漆组、抹灰工组、电焊工组、架子工组、水暖工组实行。除固定资产工具及实行个人工具费补贴的随手工具以外的所有工具都可实行定包管理。

实行班组工具定包管理，是按各工种的工具消耗对班组集体实行定包，具体如下。

①明确工具所有权。企业拥有实行定包的工具的所有权。企业材料部门指定专人负责工具定包的管理工作。

②测定各工种的工具费定额。工具费定额的测定，由企业材料管理部门负责，分三步进行。

第一步，向有关人员做调查了解，并查阅两年以上的班组使用工具的资料，以确定各工种所需工具的品种、规格及数量，作为各工种的工具定包标准。

第二步，分别确定不同工种各工具的使用年限和月摊销费，月摊销费的计算公式如下：

$$某种工具的月摊销费 = \frac{该种工具的单价}{该种工具的使用期限（月）}$$

式中，"工具的单价"采用企业内部不变价格，以避免因市场价格的经常波动影响工具费定额。"工具的使用期限"可根据本企业具体情况凭经验确定。

第三步，分别测定各工种的日工具费定额，计算公式如下：

$$某工种人均日工具费定额 = \frac{该工种全部标准定包工具月摊销费总额}{该工种班组额定人数 \times 月工作日}$$

式中，"班组额定人数"是由企业劳动部门核定的某工种的标准人数；"月工作日"一般按30天计算。

③确定班组月度定包工具费收入。班组月度定包工具费收入的计算公式如下：

某工种班组月度定包工具费收入＝班组月度实际作业工日×该工种人均日工具费定额

班组工具费收入可按季或按月，以现金或转账的形式向班组发放，用于班组向企业使用定包工具的开支。

④工具发放。企业基层材料部门，根据工种班组标准定包工具的品种、规格、数量，向有关班组发放工具。班组可按标准定包数量足量领取，也可根据实际需要少领。自领用之日起，按班组实领工具数量计算摊销，使用期满以旧换新后继续摊销。但使用期满后能延长使用时间的工具，应停止摊销收费。凡因班组责任造成的工具丢失和因非班组施工人员正常使用造成的损坏，由班组承担

损失。

⑤设立负责保管工具人员。实行工具定包的班组需设立工具员负责保管工具，督促组内成员爱护并合理使用工具，记载保管手册。

零星工具可按定额规定使用期限，由班组交给个人保管，丢失损坏须按规定赔偿。企业应参照有关工具修理价格，结合本单位各工种实际情况，制定工具修理取费标准及班组定包工具修理费收入，这笔收入可记入班组月度定包工具费收入，统一发放。班组因生产需要调动工作，小型工具自行搬运，不予报销任何费用或增加工时，确属班组无法携带需要运输车辆的，由行政部门出车运送。

⑥班组定包工具费的支出与结算。

第一步，根据《班组工具定包及结算台账》，按月计算班组定包工具费支出，计算公式如下：

$$某工种班组月度定包工具费支出 = \sum_{i=1}^{n}(第 i 种工具数 \times 该种工具的日摊销费)$$
$$\times 班组月度实际作业天数$$

$$第 i 种工具的日摊销费 = \frac{该种工具的月摊销费}{30 天}$$

第二步，按月或按季结算班组定包工具费收支额，计算公式如下：

某工种班组月度定包工具费收支额＝该工种班组月度定包工具费收入－月度定包工具费支出－月度租赁费用－月度其他支出

式中，"月度租赁费用"若班组已用现金支付，则此项不计。"月度其他支出"包括应扣减的修理费和丢失损失费。

第三步，根据工具费结算结果，填定包工具结算单。

⑦总结、分析工具定包管理效果。企业每年年终应对工具定包管理效果进行总结、分析，针对不同影响因素提出处理意见。班组工具费结算若有盈余，盈余额可全部或按比例作为工具节约奖励，归班组所有；若有亏损，则由班组负担。

3）其他工具的定包管理方法。

①按分部工程的工具使用费，实行工具的定包管理方法。这是实行栋号工程全面承包或分部、分项承包中工具费按定额包干、节约有奖、超支受罚的一种工具管理办法。承包者的工具费收入根据工具费定额和实际完成的分部工程量计算；工具费支出根据实际消耗的工具摊销额计算，其中各个分部工程的工具使用费，可根据班组工具定包管理方法中的人均日工具费定额折算。

②按完成万元工作量应耗工具费实行工具的定包管理方法。采用这种方法

时，先由企业根据自身具体条件分工种制定万元工作量的工具费定额，再由工人按定额包干，并实行节奖超罚。工具领发时，采取计价"购买"或用"代金成本票"支付的方式，以实际完成产值与万元工具定额计算节约和超支。

（4）对外包队使用工具的管理。

1）外包队均不得无偿使用企业工具。凡外包队使用企业工具者，均须执行购买和租赁的办法，不得无偿使用。外包队领用工具时，须出具由劳资部门提供的相关资料，包括外包队所在地区出具的证明、外包队负责人、工种、人数、合同期限、工程结算方式及其他情况。

2）对外包队一律按进场时申报的工种颁发工具费。施工期内出现工种变换的，必须在新工种连续操作 25 天后，方能申请按新工种发放工具费。外包队的工具费随企业应付工程款一起发放，发放的数量可参照班组工具定包管理中某工种班组月度定包工具费收入的方法确定，两者之间的区别在于，外包队的人均日工具费定额需按照工具的市场价格确定。

3）外包队使用企业工具的支出。外包队使用企业工具的支出采取预扣工具款的方法计算，并列入工具承包合同。预扣工具款的数量，根据所使用工具的品种、数量、单价和使用时间进行预计，计算公式如下：

预扣工具款总额 $= \sum_{i=1}^{n}$（第 i 种工具日摊销费×该种工具使用数量×预计租用天数）

$$第 i 种工具日摊销费 = \frac{该种工具的市场采购价}{使用期限（日）}$$

4）外包队向施工企业租用工具的具体程序。

①外包队进场后由所在施工队工长填写《工具租用单》，一式三份，经材料员审核后分别交由外包队、材料部门和财务部门。

②财务部门根据《工具租用单》签发《预扣工具款凭证》，一式三份分别交由外包队、劳资部门和财务部门。

③劳资部门根据《预扣工具款凭证》按月分期扣款。

④工程结束后，外包队需按时归还所租用的工具，根据材料员签发的实际工具租赁费凭证与劳资部门结算。

5）租用过程中出现的问题及解决办法。

①外包队租用的小型易耗工具须在领用时一次性计价收费。

②外包队在使用工具期内，所发生的工具修理费须按现行标准支付，并从预

扣工程款中扣除。

③外包队在使用工具期内，发生丢失或损坏的一律按所租用工具的现行市场价格赔偿，并从预扣工程款中扣除。

④外包队退场时，领退手续不清，劳资部门不予结算工资，财务部门不准付款。

（5）个人随手工具津贴费管理方法。

1）实行个人随手工具津贴费的范围。个人随手工具津贴费管理方法，适用于本企业内瓦工、木工、抹灰工等专业工种的工人所使用的个人随手工具。工人可以选用自己顺手的工具，这种方法有利于加强工具的维护保养，延长工具的使用寿命。

2）确定个人随手工具津贴费标准。不同工种的个人随手工具津贴费标准也不同。根据一定时期的施工方法和工艺要求，确定随手工具的品种、数量和历史消耗水平，在这个基础上制定津贴费标准，再根据每月实际作业天数，发给个人随手工具津贴费。

3）实行个人负责制。凡实行个人随手工具津贴费管理方法的工具，单位不再发放，工具的购买、维修、保管和丢失、损坏全部由个人负责。

4）确定享受个人随手工具津贴的范围。还在学徒期的学徒工不能享受个人随手工具津贴，企业将其所需用的生产工具一次性下发。学徒期满后，企业将学徒工原领工具根据工具的消耗、损坏程度折价卖给个人，再发给个人随手工具津贴。

二、建筑材料节约措施

1. 在生产过程中采取技术措施

在生产过程中采取技术措施，是指在材料消耗过程中，根据材料的性能和特点，采取相应的技术措施以实现材料节约。下面以混凝土为例，说明采取技术措施实现材料节约的主要方法。

（1）优化混凝土配合比。混凝土是以水泥为胶凝材料，由水和粗细集料按适当比例配制而成的混合物，经一定时间硬化成为人造石。组成混凝土所有材料中，水泥的品种、等级很多，价格最高。因此采取一些节约措施，合理地使用水泥，不但可以保证工程质量，还可以降低成本，实现材料节约。

1）合理选择水泥的强度等级。在选择水泥强度等级时，通常情况下以所用水泥的强度等级为混凝土强度等级号的1.5～2.0倍为宜；混凝土等级要求较高时，可以取0.9～1.5倍；使用外加剂或其他工艺时，按实际情况选择其他适当比例。

使用高强度水泥配制低强度混凝土时，用较少的水泥就可以达到混凝土所要求的强度，但不能满足混凝土的和易性及耐久性要求，因此需增加水泥用量，就会造成浪费。当必须使用高强度水泥配制低强度混凝土时，可掺入一定数量的混合料，如磨细粉煤灰，在保证必要的和易性的同时也不需要增加水泥用量。反之，如果要用低强度等级的水泥配制高强度等级混凝土时，则因水泥用量太多，会对混凝土技术特性产生一系列不良影响。所以配制混凝土时必须选择合适强度的水泥。

2) 在级配满足工艺要求的情况下，尽量选用大粒径的石料。同等体积的集料，粒径小的合计表面积比粒径大的合计表面积要大，需用较多的水泥浆才能裹住集料表面，这势必增加水泥用量。所以，在施工中要根据实际情况和施工工艺要求合理地选用石子粒径。

3) 掌握好合理的砂率。砂率合理，可以使用最少用量的水泥满足混凝土所要求的流动性、黏聚性和保水性。

4) 控制水灰比。水灰比是指水与水泥之比。水灰比确定后要严格控制，水灰比过大会影响混凝土的黏聚性和保水性，产生流浆、离析现象，并降低混凝土的强度。

(2) 合理掺用外加剂。配制混凝土时合理掺用外加剂可以改善混凝土和易性，并能提高其强度和耐久性，达到节约水泥的目的。

(3) 充分利用水泥性能富余系数。按照水泥生产标准，出厂水泥的实际强度等级均高于其标识等级，两者之间的差值称为水泥的富余性能。生产单位设备条件、技术水平，加上检测手段的不同，都使水泥质量不稳定，富余系数波动较大。一般大水泥厂生产的水泥，富余强度较大，所以建筑企业要加快测试工作，及时掌握各种水泥的活性，充分利用其富余系数，则一般可节约10%左右的水泥量。

(4) 掺加粉煤灰。发电厂燃烧粉状煤灰后的灰渣，经冲水后排出的是湿原状粉煤灰。湿原状粉煤灰经烘干磨细，可成为与水泥细度相同的磨细粉煤灰。一般情况下，在混凝土中加入10.3%的磨细粉煤灰即可节约6%的水泥。

在大量混凝土浇捣施工过程中，应由专人管理配合比，贯彻执行各项节约水泥措施，保证混凝土的质量和水泥用量的节约。

2. 加强材料管理，降低材料消耗

（1）加强材料的基础管理。材料的基础管理是实施各项管理措施的基本条件。加强材料消耗定额管理、材料计划管理，坚持进行材料分析和"两算对比"等基础管理，可以有效地降低材料采购、供应和使用中的风险，为实现材料使用中的节约创造条件。正确使用材料消耗定额，能够编制准确的材料计划，就能够按需要采购供应材料；实行限额领料管理办法，可有效地控制材料消耗数量。实际工作中，许多工程预算完成较晚，很难事先做出材料分析，只能边干边算，极易形成材料超耗。通过材料分析和"两算对比"就可以做到先算后干，并对材料消耗心中有数。

（2）合理配置采购权限。企业应根据一定时期内的生产任务、工程特点和市场需求状况，不断地调整材料采购工作的管理流程，合理配置采购权限，以批量规模采购、资金和储备设施的充分利用、提高采购供应工作效率、调动基层的积极性为前提，力求一个相对合理的管理分工，获得较高的综合经济效益。

（3）提高配套供应能力。现场材料管理工作包括管供、管用、管节约。选择合理的供应方式，并做好施工现场的平衡协调工作，可以实现材料供应的高效率、高质量。从组织资源开始，就要求提高对生产的配套供应能力，最大限度地提高材料使用效率。

（4）加速材料储备的周转。合理确定材料储备定额，是为了使用较少的材料储备满足较多的施工生产需要。因此材料储备合理，可以加速库存材料的周转，避免资金超占，减少人力支出，从而降低综合材料成本。

（5）开展文明施工。高水平的现场材料管理体现在文明施工中。材料供应到现场时，尽量做到一次就位，减少二次搬运和堆积损失；材料堆放合理便于发放；及时清理、回收和再利用剩余材料和废旧材料；督促施工队伍减少操作中的材料损耗。落实这些措施既有利于现场面貌改观，又能够节约材料，提高企业的经济效益。

（6）定期进行经济活动分析。定期进行经济活动分析，开展业务核算，通过分析找出问题并采取相应措施，同时推广行之有效的现场材料管理经验，可以提高工程项目的经济运行能力和成本控制水平。

3. 实行材料节约奖励制度

实行材料节约奖励制度，是材料消耗管理中运用的一种经济手段。材料节约奖励属于单项奖，奖金可在材料节约价值中支付。材料节约奖励，以认真执行定额、准确计量、手续完备、资料齐全、节约有物为基础，遵循多节多奖，不节不奖，国家、企业、个人三兼顾的原则确定，是一种行之有效的激励方式。

实行材料节约奖励制度，一般采用两种基本方法：一种是规定节约奖励标准，按照节约额的比例提取奖金，奖励操作工人及有关人员；另一种是在节约奖励标准中规定超耗罚款标准，控制材料超耗现象。

实行材料节约奖励制度，应以细致和完善的过程管理为条件，以满足企业经营需要为目标，必须做好一系列的工作。

（1）有合理的材料消耗定额。推行材料节约奖励制度，离不开材料消耗定额。材料消耗定额，是考核材料实际消耗水平的标准。所以实行材料节约奖励制度的建筑企业，必须具备切合实际的材料消耗定额，并经上级批准执行。

对没有定额的少数分项工程，可根据历年材料消耗统计资料，测定平均消耗水平，报上级审批后作为试用定额执行。经过实践以后，可逐步调整为施工定额。

（2）有严格的材料收发制度。建筑企业材料管理中最基本的基础管理工作之一就是材料收发制度。没有收发料制度，就无法进行经济核算、限额领料，也就无法推行材料节约奖励制度。所以，凡实行材料节约奖励的企业，必须有严格的收发料制度。收、发料时一定要认真严格执行有关规定和制度，还要检验收、发料过程中可能发生的差错，及时查明原因并按规定办理调整手续。

（3）有完善的材料消耗考核制度。应建立完善的制度予以准确考核材料消耗的节超。材料消耗总量、完成工程量及材料品种和质量，是决定材料消耗水平的三个因素，考核材料消耗也必须从这三方面着手。

1）材料消耗总量。材料消耗总量是指完成本项工程所消耗的各种材料的总量，是现场材料部门凭限额领料单发放的材料数量，包括正常施工用料及由于质量原因造成的修补或返工用料。材料消耗总量的结算，应在该工程全部结束且不再发生材料使用时进行，如果结算后又发生材料耗用，应合并结算后重新考核。

2）完成工程量。在相同的材料消耗总量下，完成的工程量越大，材料单耗就越低；反之，完成的工程量越小，材料单耗就越高。所以在结算材料消耗总量的同时，要准确考核完成的工程量，以考核材料单耗。限额领料单中的工程量由任务单签发者按工程总任务量折算，工程量结算时要剔除对外加工部分。

对于需要较长时间才能完成的较大的分项工程，为了正确核算工程量，要在分项工程完成后进行复核。因设计变更或工程变更增减工程量的，应调整预算和限额领料数量；签发任务单时与编制施工组织设计时的预算工程量有出入的，要查清原因并确定工程量。属于建设单位和设计单位变更设计的，需有书面资料方可调整预算。

3）材料品种和质量。对所用材料的品种和质量，材料定额中都有具体要求和明确规定。如发生以高代低，以次代优等情况，均应按规定调整定额用量。

（4）工程质量稳定。工程质量优良就是最大的节约。实行材料节约奖励制度，必须切实贯彻执行质量监督检验制度，验收合格的分项工程方能实施奖励。

（5）制订材料节约奖励办法。实行材料节约奖励制度，必须先制订好奖励办法，包括实行奖励的范围，定额标准，提奖水平，结算、考核制度等，经有关方面批准后方可执行。

4．实行项目材料承包责任制

实行项目材料承包责任制，是指材料消耗过程中的材料承包责任制，是材料部门中诸多责任制之一。项目材料承包责任制是使责、权、利紧密结合，降低单位工程材料成本的一种有效管理手段，体现了企业与项目、项目与个人在材料消耗过程中的职责、义务和与之相适应的经济利益。实行项目材料承包一般有三种形式，即单位工程材料承包、按工程部位承包和特殊材料单项承包。

（1）单位工程材料承包。单位工程材料承包适用于工期短，便于考核的单位工程，实行从开工到竣工的全部工程用料一次性承包。承包实行双控指标，即承包内容包括材料实物量和材料金额。单位工程材料承包反映工程项目的整体效益，有利于统筹管理材料采购、消耗和核算工作。由企业向项目负责人发包，考核对象是项目承包者。项目负责人从整体考虑，协调各工种、工序之间的衔接，控制材料消耗。

（2）按工程部位承包。按工程部位承包适用于工期长，参建人员多或操作单一、损耗量大的单位工程，分为基础、结构、装修、水电安装等施工阶段，分部位实行承包。按工程部位承包是由主要工程的分包施工组织承包，实行定额考核、包干使用的制度。其专业性强，管理到位，有利于各承包组织积极性的发挥。

（3）特殊材料单项承包。特殊材料单项承包是指对消耗量大，价格较高，容易损耗的特殊材料实行承包，这些材料一般功能要求特殊，使用过程易损耗或易丢失。从国外进口的材料，一般也是实行施工组织对单项材料的承包。特殊材料单项承包可以在大面积施工、多工种参建的条件下，使某项专用材料消耗控制在定额之内。

三、建筑材料管理相关法律法规规定

1.《中华人民共和国建筑法》

第二十五条 按照合同约定，建筑材料、建筑构配件和设备由工程承包单位采购的，发包单位不得指定承包单位购入用于工程的建筑材料、建筑构配件和设备或者指定生产厂、供应商。

第三十四条 工程监理单位与被监理工程的承包单位以及建筑材料、建筑构配件和设备供应单位不得有隶属关系或者其他利害关系。

第五十六条 设计文件选用的建筑材料、建筑构配件和设备。应当注明其规格、型号、性能等技术指标，其质量要求必须符合国家规定的标准。

第五十七条 建筑设计单位对设计文件选用的建筑材料、建筑构配件和设备，不得指定生产厂、供应商。

第五十九条 建筑施工企业必须按照工程设计要求、施工技术标准和合同的约定，对建筑材料、建筑构配件和设备进行检验，不合格的不得使用。

2.《中华人民共和国产品质量法》

第二十七条 产品或者其包装上的标识必须真实。并符合下列要求：

（一）有产品质量检验合格证明；

（二）有中文标明的产品名称、生产厂厂名和厂址；

（三）根据使用的产品的特点和使用要求，需要标明产品规格、等级、所含主要成分的名称和含量的，用中文相应予以标明；需要事先让消费者知晓的，应当在外包装上标明，或者预先向消费者提供有关资料；

（四）限期使用的产品，应当在显著位置清晰地标明生产日期和安全使用期或者长效日期；

（五）使用不当，容易造成产品本身损坏或者可能危及人身、财产安全的产品，应当有警示标志或者中文警示说明。

第二十九条至第三十二条 生产者不得生产国家明令淘汰的产品。

生产者不得伪造产地，不得伪造或者用他人的厂名、厂址。

生产者不得伪造或者冒用认证标志等质量标志。

生产者生产产品，不得混杂、掺假，不得以假充真、以次充好。不得以不合格产品冒充合格产品。

第三十三条至第三十九条 销售者应当建立并执行进货检查验收制度，验明产品合格证明和其他标识。

销售者应当采取措施，保持销售产品的质量。

销售者不得销售国家明令淘汰并停止销售的产品和失效、变质的产品。

销售者销售的产品的标识应当符合本法第二十七条的规定。

销售者不得伪造产地，不得伪造或者冒用他人的厂名、厂址。

销售者不得伪造或者冒用认证标志等质量标志。

销售者销售产品，不得混杂、掺假，不得以假充真、以次充好，不得以不合格产品冒充合格产品。

第八条 建设单位应当依法对工程建设项目的勘察、设计、施工、监理以及与工程建设有关的重要设备、材料等的采购进行招标。

第十四条 按照合同约定，由建设单位采购建筑材料、建筑构配件和设备的，建设单位应当保证建筑材料、建筑构配件和设备符合设计文件和合同要求。

建设单位不得明示或者暗示施工单位使用不合格的建筑材料、建筑构配件和设备。

第二十二条 设计单位在设计文件中选用的建筑材料、建筑构配件和设备，应当注明规格、型号、性能等技术指标，其质量要求必须符合国家规定的标准。

除有特殊要求的建筑材料、专用设备、工艺生产线等外。设计单位不得指定生产厂、供应商。

3.《建设工程质量管理条例》

第二十九条 施工单位必须按照工程设计要求、施工技术标准和合同约定，对建筑材料、建筑构配件、设备和商品混凝土进行检验，检验应当有书面记录和专人签字。未经检验和检验产品不合格的，不得使用。

第三十一条 施工人员对涉及结构安全的试块、试件以及有关材料，应当在建设单位或者在工程监理单位监督下现场取样，并送具有相应资质等级的质量检测单位进行检测。

第三十五条 工程监理单位与被监理工程的施工承包单位以及建筑材料、建筑构配件和设备供应单位有隶属关系或者其他利害关系的，不得承担该项建设工程的监理业务。

第三十七条 未经监理工程师签字，建筑材料、建筑构配件、设备不得在工程上使用或者安装，施工单位不得进行下一道工序的施工，未经总监理工程师签字，建设单位不得拨付工程款，不得进行竣工验收。

第五十一条 供水、供电、供气、公安消防等部门或者单位不得明示或者暗示建设单位、施工单位购买其指定的生产供应单位的建筑材料、建筑构配件和设备。

4.《建设工程勘察设计管理条例》

第二十七条　设计文件中选用的材料、构配件、设备，应当注明其规格、型号、性能等技术指标，其质量要求必须符合国家规定的标准，除有特殊要求的建筑材料、专用设备和工艺生产线等外，设计单位不得指定生产厂、供应商。

第二十九条　建设工程勘察、设计文件中规定采用的新技术、新材料，可能影响建设工程质量和安全，又没有国家技术标准的，应当由国家认可的检测机构进行试验、论证，出具检测报告，并经国务院有关部门或者省、自治区、直辖市人民政府有关部门组织的建设工程技术专家委员会审定后，方可使用。

5.《实施工程建设强制性标准监督规定》

第五条　工程建设中拟采用的新技术、新工艺、新材料，不符合现行强制性规定的，应当由拟采用单位提请建设单位组织专题技术论证，报批准的建设行政主管部门或者国务院有关主管部门审定。

工程建设中采用国际标准或者国外标准，现行强制性标准未作规定的，建设单位应当向国务院建设行政主管部门或者国务院有关行政主管部门备案。

第十条　强制性标准监督检查的内容包括：（三）工程项目采用的材料、设备是否符合标准的规定。

第四章

现场施工材料质量控制及新材料应用

一、项目施工材料质量控制措施

1. 材料进场前质量控制方法

（1）仔细阅读工程设计文件、施工图、施工合同、施工组织设计及其他与工程所用材料有关的文件，熟悉这些文件对材料品种、规格、型号、强度等级、生产厂家与商标的规定和要求。

（2）认真查阅所用材料的质量标准，学习材料的基本性质，对材料的应用特性、适用范围有全面了解；必要时对主要材料、设备及构配件的选择向业主提出合理的建议。

（3）掌握材料信息，认真考察供货厂家。掌握材料的质量、价格、供货能力信息，获得质量好、价格低的材料资源，以便既确保工程质量又降低工程造价。对重要的材料、构配件及设备，项目管理人员应对其生产厂家的资质、生产工艺、主要生产设备、企业质量管理认证情况等进行审查或实地考察，对产品的商标、包装进行了解，杜绝假冒伪劣产品，确保产品的质量可靠稳定，同时还应掌握供货情况、价格情况。对一些重要的材料、构配件及设备，订货前，项目部必须申报，经监理工程师论证同意后，报业主备案，方可订货。

2. 材料进场时质量控制方法

（1）物、单必须相符。材料进场时，项目管理人员应检查到场材料的实际情况与所要求的材料在品种、规格、型号、强度等级、生产厂家与商标等方面是否相符，检查产品的生产编号或批号、型号、规格、生产日期与产品质量证明书是否相符，如有任何一项不符，应要求退货或要求供应商提供材料的资料。标志不清的材料可要求退货（也可进行抽检）。

（2）检查材料质量保证资料。进入施工现场的各种原材料、半成品、构配件都必须有相应的质量保证资料。主要有生产许可证或使用许可证；产品合格证、质量证明书或质量试验报告单。合格证等都必须盖有生产单位或供货单位的红章并标明出厂日期、生产批号或产品编号。

3. 材料进场后质量控制方法

（1）施工现场材料的基本要求。

1）工程上使用的所有原材料、半成品、构配件及设备，都必须事先经监理工程师审批后方可进入施工现场。

2）施工现场不能存放与本工程无关或不合格的材料。

3）所有进入现场的原材料与提交的资料在规格、型号、品种、编号上必须一致。

4）不同种类、不同厂家、不同品种、不同型号、不同批号的材料必须分别堆放，界限清晰，并有专人管理。避免使用时造成混乱，便于追踪工程质量，分析质量事故的原因。

5）应用新材料必须符合国家和建设行政主管部门的有关规定，事前必须通过试验和鉴定。代用材料必须通过计算和充分论证，并要符合结构构造的要求。

（2）及时复验。为防止假冒伪劣产品用于工程，或为考察产品生产质量的稳定性，或为掌握材料在存放过程中性能的降低情况，或因原材料在施工现场重新配制，对重要的工程材料应及时进行复验。凡标志不清或认为质量有问题的材料，对质量保证资料有怀疑或与合同规定不符的一般材料，凡由工程重要程度决定、应进行一定比例试验的材料，需要进行跟踪检验，以控制和保证其质量的材料等，均应进行复验。对于进口的材料设备和重要工程或关键施工部位所用材料，则应进行全部检验。

1）采用正确的取样方法，明确复验项目。在每种产品质量标准中，均规定了取样方法。材料的取样必须按规定的部位、数量和操作要求来进行，确保所抽样品有代表性。抽样时，按要求填写材料见证取样表，明确试验项目。常用材料的试验项目与取样方法见表4-1。

表4-1　　　　　　　　　常用建筑材料进场复验项目表

序号	材料名称及相关标准、规范代号	进场复验项目	组批原则及取样规定
1	水泥 (GB 50204—2015) (GB 50210—2001)		

序号	材料名称及相关标准、规范代号	进场复验项目	组批原则及取样规定
1	（1）通用硅酸盐水泥（GB 175—2007）	安定性凝结时间强度	（1）散装水泥： ①对同一水泥厂生产同期出厂的同品种、同强度等级、同一出厂编号的水泥为一验收批，但一验收批的总量不得超过500t； ②随机从不少于3个车罐中各取等量水泥，经混拌均匀后，再从中称取不少于12kg的水泥作为试样。
	（2）砌筑水泥（GB/T 3183—2003）	安定性凝结时间强度保水率	（2）袋装水泥： ①对同一水泥厂生产同期出厂的同品种、同强度等级、同一出厂编号的水泥为一验收批，但一验收批的总量不得超过200t； ②随机从不少于20袋中各取等量水泥，经混拌均匀后，再从中称取不少于12kg的水泥作为试样
	（3）铝酸盐水泥（GB/T 201—2015）	强度凝结时间细度	（1）同一水泥厂、同一类型、同一编号的水泥，每120t为一取样单位，不足120t也按一取样单位计； （2）取样应有代表性，可从20袋中各取等量样品，总量至少15kg。 注：水泥取样后，超过45天使用时须重新取样试验
	（4）快硬硅酸盐水泥（GB 175—2007）	强度凝结时间安定性	（1）同一水泥厂、同一类型、同一编号的水泥，400t为一取样单位，不足400t也按一取样单位计； （2）取样应有代表性，可从20袋中各取等量样品，总量至少14kg
2	粉煤灰（GB/T 1596—2005）	细度烧失量需水量比	（1）以连续供应相同等级、相同种类的不超过200t为一验收批； （2）取样应有代表性，从10个以上不同部位取等量样品，总量至少3kg
3	砂（JGJ 52—2006）	筛分析含泥量泥块含量	（1）以同一产地、同一规格每400m³或600t为一验收批，不足400m³或600t也按一批计； （2）当质量比较稳定、进料量较大时，可以1000t为一验收批； （3）取样部位应均匀分部，在料堆上从8个不同部位抽取等量试样（每份11kg）。然后用四分法缩至20kg，取样前先将取样部位表面铲除

续表

序号	材料名称及相关标准、规范代号	进场复验项目	组批原则及取样规定
4	碎石或卵石（JGJ 52—2006）	筛分析 含泥量 泥块含量 针、片状 颗粒含量 压碎值指标	（1）以同一产地、同一规格每400m³或600t为一验收批，不足400m³或600t也按一批计。每一验收批取样一组； （2）当质量比较稳定，进料量较大时，可以1000t为一验收批； （3）一组试样40kg（最大粒径10、16、20mm）或80kg（最大粒径31.5、40mm）取样部位应均匀分布，在料堆上从五个不同的部位抽取大致相等的试样16份。每份5～40kg，然后缩分到40kg或80kg送检
5	轻集料		
	（1）轻粗集料（GB/T 17431.1～2—2010）	筛分析 堆积密度 吸水率 筒压强度 粒型系数	（1）以同一品种、同一密度等级每200m³为一验收批，不足200m³也按一批计； （2）试样可以从料堆自上到下不同部位、不同方向任选10点（袋装料应从10袋中抽取）应避免取离析的及面层的材料； （3）初次抽取的试样量应不少于10份，其总量应多于试验用料量的1倍。拌和均匀后，按四分法缩分到试验所需的用料量；轻粗集料为50L，轻细集料为10L
	（2）轻细集料（GB/T 17431.1～2—2010）	筛分析 堆积密度	
6	砌墙砖和砌块		
	（1）烧结普通砖（GB/T 5101—2003）	抗压强度	（1）3.5万～15万块为一验收批，不足3.5万块也按一批计； （2）每一验收批随机抽取试样一组（10块）
	（2）烧结多孔砖（GB 13544—2000）（GB 50203—2002）	抗压强度	（1）每5万块为一验收批，不足5万块也按一批计； （2）每一验收批随机抽取试样一组（10块）
	（3）烧结空心砖、空心砌块（GB 13545—2014）	抗压强度	（1）3.5万～15万块为一验收批，不足3.5万块也按一批计； （2）每批从尺寸偏差和外观质量检验合格的砖中，随机抽取抗压强度试验试样一组（10块）
	（4）非烧结垃圾尾矿砖（JC/T 422—2007）	抗压强度 抗折强度	（1）每5万块为一验收批，不足5万块也按一批计； （2）每批从尺寸偏差和外观质量检验合格的砖中，随机抽取强度试验试样一组（10块）
	（5）粉煤灰砖（JC 239—2014）	抗压强度 抗折强度	（1）每10万块为一验收批，不足10万块也按一批计； （2）每一验收批随机抽取试样一组（20块）

续表

序号	材料名称及相关标准、规范代号	进场复验项目	组批原则及取样规定
	(6) 粉煤灰混凝土小型空心砌块 (JC/T 862—2008)	抗压强度	(1) 以用同一种粉煤灰、同一种集料与水泥、同一生产工艺制成的相同密度等级、相同强度等级的 10 000 块砌块为 1 批，每月生产的砌块数不足 10 000 块者亦以 1 批计。 (2) 每批随机抽取 32 块进行尺寸偏差和外观质量检验；再从尺寸偏差和外观质量检验合格的砌块中，随机抽取 8 块，5 块进行强度等级检验，3 块进行密度等级和相对含水率检验
	(7) 蒸压灰砂砖 (GB 11945—1999)	抗压强度 抗折强度	(1) 每 10 万块为一验收批，不足 10 万块也按一批计； (2) 每一验收批随机抽取试样一组 (10) 块
	(8) 蒸压灰砂空心砖 (JC/T 637—1996)	抗压强度	(1) 每 10 万块砖为一验收批，不足 10 万块也按一批计； (2) 从外观合格的砖样中，用随机抽取法抽取 2 组 10 块 (NF 砖为 2 组 20 块) 进行抗压强度试验和抗冻性试验
	(9) 普通混凝土空心砌块 (GB 8239—2014)	抗压强度	(1) 砌块按规格、种类、龄期和强度等级分批验收，以同一种原材料配制成的相同规格、龄期、强度等级和相同生产工艺生产的 500m³ 且不超过 3 万块砌块为一批，每周生产不足 500m³ 且不超过 3 万块砌块按一批计。 (2) 每批随机抽取 32 块做尺寸偏差和外观质量检验。 从尺寸偏差和外观质量合格的检验批中，随机抽取 5 块做强度等级检验 (当高宽比小于 0.6 时抽取 10 块做强度等级检验)
	(10) 轻集料混凝土小型空心砌块 (GB 15229—2011)	抗压强度	(1) 每 1 万块为一验收批，不足 1 万块也按一批计； (2) 每批从尺寸偏差和外观质量检验合格的砌块中，随机抽取抗压强度试验试样一组 (5 块)
	(11) 蒸压加气混凝土砌块 (GB/T 11968—2006)	立方体抗压强度干密度	(1) 同品种、同规格、同等级的砌块，以 10000 块为一验收批，不足 10000 块也按一批计； (2) 从尺寸偏差与外观检验合格的砌块中，随机抽取砌块，制作 3 组试件进行立方体抗压强度试验，制作 3 组试件做干密度检验
7	钢材 (GB 50204—2015)		
	(1) 碳素结构钢 (GB 700—2006)	拉伸试验 (上屈强度、抗拉强度、伸长率) 弯曲试验	(1) 同一厂别，同一炉罐号、同一规格、同一交货状态每 60t 为一验收批，不足 60t 也按一批计； (2) 每一验收批取一组试件 (拉伸、弯曲各 1 个)
	(2) 钢筋混凝土用热轧带肋钢筋 (GB 1499.2—2007)	拉伸试验 (屈服强度、抗拉强度、断后伸长率) 弯曲试验	(1) 同一牌号、同一炉罐号、同一规格，每 60t 为一验收批，不足 60t 也按一批计； (2) 每一验收批取一组试件 (拉抻 2 个、弯曲 2 个)； (3) 超过 60t 的部分，每增加 40t (或不足 40t 的余数)，增加一个拉伸试件和一个弯曲试件

续表

序号	材料名称及相关标准、规范代号	进场复验项目	组批原则及取样规定
（3）钢筋混凝土用热轧光圆钢筋（GB 1499.1—2008）		拉伸试验（屈服强度、抗拉强度、断后伸长率）弯曲试验	（1）同一牌号、同一炉罐号、同一尺寸，每60t为一验收批，不足60t的按一批计； （2）每一验收批取一组试件（拉抻2个、弯曲2个）； （3）超过60t的部分，每增加40t（或不足40t的余数），增加一个拉伸试件和一个弯曲试件
（4）钢筋混凝土用余热处理钢筋（GB 13014—2013）		拉伸试验（屈服强度、抗拉强度、断后伸长率）弯曲试验	（1）同一厂别、同一炉罐号、同一规格、同一交货状态，不足60t也按一批计； （2）每一验收批取一组试件（拉抻2个、弯曲2个）； （3）在任选的两根钢筋切取
（5）冷轧带肋钢筋（GB 13788—2000）		拉伸试验（屈服点、抗拉强度、伸长率）弯曲试验	（1）同一牌号、同一规格、同一生产工艺、同一交货状态，每60t为一验取批，不足60t也按一批计； （2）每一检验批取拉伸试件1个（逐盘），弯曲试件2个（每批），松弛试件1个（定期）； （3）在每（任）盘中的任意一端截去500mm后切取
（6）冷轧扭钢筋（JG 190—2006）		拉伸试验（抗拉强度、伸长率）弯曲试验 重量 节距 厚度	（1）同一牌号、同一规格尺寸、同一台轧机、同一台班每10t为一验收批，不足10t也按一批计； （2）每批取弯曲试件1个，拉伸试件2个，重量、节距、厚度各3个
（7）预应力混凝土用钢丝（GB/T 5223—2014）		抗拉强度 伸长率 弯曲试验	（1）同一牌号、同一规格、同一加工状态的钢丝为一验收批；每批重量不大于60t； （2）在每盘钢丝的任一端截取抗拉强度、弯曲和断后伸长率的试验试件各一根。规定非比例伸长应力和最大力下总伸长率试验每批取3根
（8）中强度预应力混凝土用钢丝（YB/T 156—1999）（GB/T 2103—2008）（GB/T 10120—2013）		抗拉强度 伸长率 反复弯曲	（1）同一牌号、同一规格、同一强度等级、同一生产工艺的钢丝为一验收批，每批重量不大于60t； （2）每盘钢丝的两端取样进行抗拉强度、伸长率、反复弯曲的检验； （3）规定非比例伸长应力和松弛率试验，每季度抽检一次，每次不少于3根

序号	材料名称及相关标准、规范代号	进场复验项目	组批原则及取样规定
(9)	预应力混凝土用钢棒 (GB/T 5223.3—2017)	抗拉强度 断后伸长率 伸直性	(1) 同一牌号、同一规格、同一加工状态的钢棒为一验收批，每批重量不大于 60t； (2) 从任一盘钢棒任意一端截取 1 根试样进行抗拉强度、断后伸长率试验；每批钢棒不同盘中截取 3 根试样进行弯曲试验；每 5 盘取 1 根伸直性试验试样；规定非比例延伸强度试样为每批 3 根；应力松弛为每条生产线每月不少于 1 根； (3) 对于直条钢棒，以切断盘条的盘数为取样依据
(10)	预应力混凝土用钢绞线 (GB/T 5224—2014)	整根钢绞线的最大力 规定非比例延伸力 最大力总伸长率	(1) 由同一牌号、同一规格、同一生产工艺捻制的钢绞线为一验收批，每批重量不大于 60t； (2) 从每批钢绞线中任取 3 盘，从每盘所选的钢绞线端部正常部位截取一根进行表面质量、直径偏差、捻距和力学性能试验。如每批少于 3 盘，则应逐盘进行上述检验
(11)	预应力混凝土用低合金钢丝 (YB/T 038—93)	拔丝用盘条： 抗拉强度 伸长率 冷弯	(1) 拔丝用盘条：见本表 7-3（低碳热轧圆盘条） (2) 钢丝： ①同一牌号、同一形状、同一尺寸、同一交货状态的钢丝为一验收批； ②从每批中抽查5%，但不少于 5 盘进行形状、尺寸和表面检查； ③从上述检查合格的钢丝中抽取5%，优质钢抽取 10%，不少于 3 盘，拉伸试验每盘一个（任意端）；不少于 5 盘，反复弯曲试验每盘一个（任意端去掉 500mm 后取样）
		钢丝： 抗拉强度 伸长率 反复弯曲 应力松弛	
(12)	一般用途低碳钢丝 (YB/T 5294—2009)	抗拉强度 180 度弯曲试验次数 伸长率	(1) 同一尺寸、同一锌层级别、同一交货状态的钢丝为一验收批； (2) 从每批中抽查 5%，但不少于 5 盘进行形状、尺寸和表面检查； (3) 从上述检查合格的钢丝中抽取 5%，优质钢抽取 10%，不少于 3 盘，拉伸试验、反复弯曲试验每盘各一个（任意端）

序号	材料名称及相关标准、规范代号	进场复验项目	组批原则及取样规定
8	砂浆 (GB 50203—2011) (GB 50209—2010)	抗压强度	(1) 每一检验批且不超过 250m³ 砌体的各种类型及强度等级的砌筑砂浆，每台搅拌机应至少抽检一次。每次至少应制作一组（6个）标准养护试块。如砂浆等级或配合比变更时，还应制作试块； (2) 冬期施工砂浆试块的留置，除应按常温规定要求外，尚应增留不少于1组与砌体同条件养护的试块，测试检验 28d 强度； (3) 干拌砂浆：同强度等级每 400t 为一验收批，不足 400t 也按一批计。每批从 20 个以上的不同部位取等量样品。总质量不少于 15kg，分成两份，一份送试，一份备用； (4) 建筑地面用水泥砂浆，以每一层或 1000m² 为一检验批，不足 1000m² 也按一批计。每批砂浆至少取样一组。当改变配合比时也应相应地留量试块
9	混凝土 (GB 50010—2010) (GB 50204—2015)		
	(1) 普通混凝土	抗压强度	试块的留置： ①每拌制100盘且不超过 100m³ 的同配合比的混凝土，取样不得少于一次； ②每工作班拌制的同一配合比的混凝土不足100盘时，取样不得少于一次； ③当一次连续浇筑超过1000m³ 时，同一配合比混凝土每 200m³ 混凝土取样不得少于一次； ④每一楼层，同一配合比的混凝土，取样不得少于一次； ⑤每次取样应至少留置一组标准养护试件，同条件养护试件的留置组数（如拆模前，拆除支撑前等）应根据实际需要确定； ⑥冬期施工时，掺用外加剂的混凝土，还应留置与结构同条件养护的用以检验受冻临界强度试件及与结构同条件养护 28d、再标准养护 28d 的试件；未掺用外加剂的混凝土，应留置与结构同条件养护的用以检验受冻临界强度试件及解除冬期施工后转常温养护 28d 的同条件试件； ⑦用于结构实体检验的同条件养护试件留置应符合下列规定：对混凝土结构工程中的各混凝土强度等级，均应留置同条件养护试件；同一强度等级的同条件养护试件，其留置的数量应根据混凝土工程量和重要性确定，不宜少于 10 组，且不应少于 3 组； ⑧建筑地面工程的混凝土，以同一配合比，同一强度等级，每一层或每 1000m² 为一检验批，不足 1000m² 也按一批计。每批应至少留置一组试块

序号	材料名称及相关标准、规范代号	进场复验项目	组批原则及取样规定
	（2）抗渗混凝土	抗压强度 抗渗等级	（1）试块的留置： ①连续浇筑抗渗混凝土每 500m³ 应留置一组抗渗试件（一组为 6 个抗渗试件），且每项工程不得少于两组。采用预拌混凝土的抗渗试件，留置组数应视结构的规模和要求而定。混凝土的抗渗性能，应采用标准条件下养护混凝土抗渗试件的试验结果评定； ②冬季施工检验掺用防冻剂的混凝土抗渗性能，应增加留置与工程同条件养护 28d，再标准养护 28d 后进行抗渗试验的试件。 （2）留置抗渗试件的同时需留置抗压强度试件并应取自同一盘混凝土拌合物中。取样方法同普通混凝土，试块应在浇筑地点制作
	（3）轻集料混凝土	干表观密度 抗压强度	（1）抗压强度、稠度同普通混凝土； （2）混凝土干表观密度试验：连续生产的预制构件厂及预拌混凝土同配合比的混凝土每月不少于 4 次；单项工程每 100m³ 混凝土至少一次，不足 100m³ 也按 100m³ 计
10	外加剂 （GB 50119—2013）		
	（1）普通减水剂 （GB 8076—2008）	pH 值 密度（或细度） 减水率	
	（2）高效减水剂 （GB 8076—2008）	pH 值 密度（或细度） 减水率	
	（3）早强减水剂 （GB 8076—2008）	密度（或细度） 钢筋锈蚀 1d、3d 抗压强度 减水率	（1）掺量大于 1%（含 1%）同品种的外加剂，每 100t 为一验收批，不足 100t 也按一批计。掺量小于 1% 的同品种、同一编号的外加剂，每 50t 为一验收批，不足 50t 也按一批计； （2）从不少于三个点取等量样品混匀； （3）取样数量，不少于 0.2t 水泥所需量
	（4）缓凝减水剂 （GB 8076—2008）	pH 值 密度（或细度） 混凝土凝结时间减水率	
	（5）引气减水剂 （GB 8076—2008）	pH 值 密度（或细度） 减水率 含气量	

序号	材料名称及相关标准、规范代号	进场复验项目	组批原则及取样规定
(6)缓凝高效减水剂（GB 8076—2008）	pH值 密度（或细度） 混凝土凝结时间 减水剂	(1) 掺量大于1%（含1%）同品种的外加剂，每100t为一验收批，不足100t也按一批计。掺量小于1%的同品种、同一编号的外加剂，每50t为一验收批，不足50t也按一批计； (2) 从不少于三个点取等量样品混匀； (3) 取样数量，不少于0.2t水泥所需量
(7)缓凝剂（GB 8076—2008）	pH值 密度（或细度） 混凝土凝结时间	
(8)引气剂（GB 8076—2008）	pH值 密度（或细度） 含气量	
(9)早强剂（GB 8076—2008）	密度（或细度） 钢筋锈蚀 1d、3d抗压强度	
(10)泵送剂（GB 8076—2008）（JC 473—2001）	pH值 密度（或细度） 坍落度增加值 坍落度损失	(1) 以同一生产厂，同品种、同一编号的泵送剂每50t为一验收批，不足50t也按一批计； (2) 从不少于三个点取等量样品混匀； (3) 取样数量，不少于0.2t水泥所需量
(11)防水剂（JC 474—1999）	pH值 密度（或细度） 钢筋锈蚀	(1) 年产500t以上的防水剂每50t为一验收批，500t以下的防水剂每30t为一验收批，不足50t或30t也按一批计； (2) 从不少于三个点取等量样品混匀； (3) 取样数量，不少于0.2t水泥所需量
(12)防冻剂（JC 475—2004）	密度（或细度） 钢筋锈蚀 R_{-7}、R_{+28}抗压强度比	(1) 同品种的防冻剂，每50t为一验收批，不足50t也按一批计； (2) 取样应具有代表性，可连续取，也可以从20个以上的不同部位取等量样品。液体防冻剂取样应注意从容器的上、中、下三层分别取样。每批取样数量不少于0.15t水泥所需量
(13)膨胀剂（JC 476—2001）	限制膨胀率	(1) 以同一生产厂，同品种、同一编号的膨胀剂每200t为一验收批，不足200t也按一批计； (2) 取样应具有代表性，可连续取，也可从20个以上部位取等量样品，总量不小于10kg

续表

序号	材料名称及相关标准、规范代号	进场复验项目	组批原则及取样规定
	(14) 喷射用速凝剂 (JC 477—2005)	密度(或细度) 钢筋锈蚀混凝土凝结时间 1d 抗压强度	(1) 同一生产厂，同品种，同一编号，每 20t 为一验收批，不足 20t 也按一批计； (2) 从 16 个不同点取等量试样混匀。取样数量不少于 4kg
11	防水卷材 (GB 50207—2012) (GB 50208—2013)		
	(1) 铝箔面石油沥青防水卷材 (JC/T 504—2007)	纵向拉力 耐热度 柔度 不透水性	(1) 以同一生产厂的同一品种、同一等级的产品，大于 1000 卷抽 5 卷，500～1000 卷抽 4 卷，100～499 卷抽 3 卷，100 卷以下抽 2 卷，进行规格尺寸和外观质量检验。在外观质量检验合格的卷材中，任取一卷作物理性能检验； (2) 将试样卷材切除距外层卷头 2500mm 顺纵向截取 600mm 的 2 块全幅卷材送检
	(2) 改性沥青聚乙烯胎防水卷材 (GB 18967—2003)	拉力 最大拉力时延伸率(或断裂延伸率) 不透水性 低温柔度(或柔度) 耐热度	(1) 以同一类型、同一规格 10 000m² 的产品为一批，不足 10 000m² 按一批计； (2) 在每批产品中随机抽取五卷进行单位面积质量、面积、厚度及外观检查； (3) 从单位面积质量、面积、厚度及外观检查合格的卷材中任取一卷进行材料性能检验。将试样卷材切除距外层卷头 2500mm 后，取 1m 长的卷材进行材料性能检验
	(3) 弹性体改性沥青防水卷材 (GB 18242—2008)		
	(4) 塑性体改性沥青防水卷材 (GB 18243—2008)		
	(5) 自粘橡胶沥青防水卷材 (GB/T 23441—2009)		
	(6) 自粘聚合物改性沥青聚酯胎防水卷材 (JC 898—2002)		

续表

序号	材料名称及相关标准、规范代号	进场复验项目	组批原则及取样规定
	（7）高分子防水材料 第1部分：片材（GB 18173.1—2012）	断裂拉伸强度 扯断伸长率 不透水性 低温弯折性	（1）以同一生产厂的同一品种、同一等级的产品，大于1000卷抽5卷，500～1000卷抽4卷，100～499卷抽3卷，100卷以下抽2卷，进行规格尺寸和外观质量检验。在外观质量检验合格的卷材中，任取一卷作物理性能检验； （2）将试样卷材切除距外层卷头300mm后顺纵向切取1500mm的全幅卷材2块，一块作物理性能检验用，另一块备用
	（8）聚氯乙烯防水卷材（GB 12952—2003）		
	（9）氯化聚乙烯防水卷材（GB 12953—2003）		
	（10）氯化聚乙烯—橡胶共混防水卷材（JC/T 684—1997）		
	（11）玻纤胎沥青瓦（GB/T 20474—2015）	可溶物含量 拉力 耐热度 柔度	（1）以同一生产厂，同一等级的产品，每20 000m² 为一验收批，不足20 000m² 也按一批计； （2）从外观、重量、规格、尺寸、允许偏差合格的油毡瓦中，任取4片试件进行物理性能试验
12	防水涂料（GB 50207—2012）（GB 50208—2013）		
	（1）溶剂型橡胶沥青防水涂料（JC/T 852—1999）	固体含量 不透水性 低温柔度 耐热度 延伸率	（1）同一生产厂每5t产品为一验收批，不足5t也按一批计； （2）随机抽取，抽样数应不低于 $\sqrt{\dfrac{n}{2}}$（ n 是产品的桶数）； （3）从已检的桶内不同部位，取相同量的样品，混合均匀后取两份样品，分别装入样品容器中，样品容器应留有约5%的空隙，盖严，并将样品容器外部擦干净立即作好标志。一份试验用，一份备用
	（2）水乳型沥青防水涂料（JC/T 408—2005）		
	（3）聚氨酯防水涂料（GB/T 19250—2013）	固体含量 断裂延伸率 拉伸强度 低温柔性 不透水性	（1）以同一类型15t为一批，不足15t亦可作为一批（多组分产品按组分配套组批）。 （2）在每批产品中随机抽取两组样品，一组样品用于检验，另一组样品封存备用。每组至少5kg（多组分产品按配比抽取），抽样前产品应搅拌均匀。若采用喷涂方式取样量根据需要抽取

续表

序号	材料名称及相关标准、规范代号	进场复验项目	组批原则及取样规定
	（4）聚合物乳液建筑防水涂料（JC/T 864—2008）	断裂延伸率 拉伸强度 低温柔性 不透水性 固体含量	（1）同原料、配方、连续审查的产品，出厂检验以每5t为一验收批，不足5t也按一批计； （2）抽样按GB/T3186进行； （3）取4kg样品用于检验
	（5）聚合物水泥防水涂料（GB/T 23445—2009）	断裂伸长率 拉伸强度 低温柔性 不透水性 抗渗性	（1）以同一类型的10t产品为一验收批，不足10t也按一批计； （2）产品的液体组分取样按GB/T 3186的规定进行； （3）配套固体组分的抽样按GB 12973—1999中的袋装水泥的规定进行，两组分共取5kg样品
13	防水密封材料（GB 50207—2012）（GB 50208—2013）		
	（1）建筑石油沥青（GB/T 494—1998）	软化点 针入度 延度	（1）以同一产地，同一品种，同一标号，每20t为一验收批，不足20t也按一批计。每一验收批取样2kg； （2）在料堆上取样时，取样部位应均匀分布，同时应不少于五处，每处取洁净的等量试样共2kg作为检验和留样用
	（2）建筑防水沥青嵌缝油膏（JC 207—1996）	耐热性（屋面）低温柔性 拉伸黏结性 施工温度	（1）以同一生产厂、同一标号的产品每2t为一验收批，不足2t也按一批计； （2）每批随机抽取3件产品，离表皮大约50mm处各取样1kg，装于密封容器内，一份作试验用，另两份备用
	（3）聚氨酯建筑密封胶（JC/T 482—2003） （4）聚硫建筑密封胶（JC/T 483—2006） （5）丙烯酸酯建筑密封胶（JC 484—1992）(1996) （6）聚氯乙烯建筑防水接缝材料（JC 798—1997）	拉伸模量（或拉伸黏结性）定伸黏结性 低温柔性	（1）以同一生产厂、同等级、同类型产品每2t为一验收批，不足2t也按一批计。每批随机抽取试样1组，试样量不少于1kg。（屋面每1t为一验收批）； （2）随机抽取试样，抽样数应不低于$\sqrt{\dfrac{n}{2}}$，（n是产品的桶数）； （3）从已初检的桶内不同部位，取相同量的样品，混合均匀后A、B组分各2份，分别装入样品容器中，样品容器应留有5%的空隙，盖严，并将样品容器外部擦干净，立即作好标志。一份试验用，一份备用

序号	材料名称及相关标准、规范代号	进场复验项目	组批原则及取样规定
	（7）建筑用硅酮结构密封胶（GB 16776—2005）	23℃拉伸黏结性	（1）以同一生产厂、同一类型、同一品种的产品，每2t为一验收批，不足2t也按一批计；（2）随机抽样，抽取量应满足检验需用量（约0.5kg）。从原包装双组分结构胶中抽样后，应立即另行密封包装
14	刚性防水材料（GB 50207—2012）（GB 50208—2013）		
	（1）水泥基渗透结晶型防水材料（GB 18445—2012）	抗压强度抗折强度黏结强度抗渗压力	（1）同一生产厂每10t产品为一验收批，不足10t也按一批计；（2）在10个不同的包装中随机取样，每次取样10kg；（3）取样后应充分拌和均匀，一分为二，一份送试；另一份密封保存一年，以备复验或仲裁用
	（2）无机防水堵漏材料（GB 23440—2009）	抗压强度抗折强度黏结强度抗渗压力	（1）连续生产同一类别产品，30t为一验收批，不足30t也按一批计；（2）在每批产品中随机抽取。5kg（含）以上包装的，不少于三个包装中抽取样品；少于5kg包装的，不少于十个包装中抽取样品；（3）将所取样充分混合均匀。样品总质量为10kg。将样品一分为二，一份为检验样品；另一份为备用样品
15	陶瓷砖（GB 50210—2001）		
	（1）陶瓷砖（GB/T 4100—2015）（2）彩色釉面陶瓷墙地砖（GB 11947—89）	吸水率（用于外墙）抗冻性（寒冷地区）	（1）以同一生产厂、同种产品、同一级别、同一规格，实际的交货量大于5000m²为一批，不足5000m²也按一批计；（2）吸水率试验试样：①每块砖的表面积不大于0.04m²时需取10块整砖；②如每块砖的表面积大于0.04m²时，需取5块整砖；③每块砖的质量小于50g，则需足够数量的砖使每种测试样品达到50~100g；（3）抗冻性试验试样需取10块整砖
	（3）陶瓷马赛克（JC/T 456—2005）	吸水率耐急冷急热性	（1）以同一生产厂的产品每500m²为一验收批，不足500m²也按一批计；（2）从表面质量、尺寸偏差合格的试样中抽取15块

续表

序号	材料名称及相关标准、规范代号	进场复验项目	组批原则及取样规定
16	石材 (GB 50210—2001) (GB 50327—2001)		
	(1) 天然花岗石建筑板材 (JC 830.1—2005) (GB/T 18601—2001)	放射性（室内用） 弯曲强度（幕墙工程） 耐冻融性	(1) 以同一产地、同一品种、等级、类别的板材每 200m² 为一验收批，不足 200m² 的单一工程部位的板材也按一批计； (2) 在外观质量、尺寸偏差检验合格的板材中抽取，抽样数量按照 GB/T 18601 中 7.1.3 条规定执行。弯曲强度试样尺寸为 $(10H+50)$ mm×100mm×Hmm（H 为试样厚度，且 $H \leqslant 68$mm），每种条件下的试样取 5 块/组（如干燥、水饱和条件下的垂直和平行层理的弯曲强度试样应制备 20 块），试样不得有裂纹、缺棱和缺角。抗冻系数试样尺寸与弯曲强度一致，无层理石材需试块 10 块，有层理石材需平行和垂直层埋各 10 块进行试验
	(2) 天然大理石 (GB/T 19766—2005) (JC 830.1—2005)	放射性（室内用）弯曲强度（幕墙工程） 耐冻融性	(1) 以同一产地、同一品种、等级、类别的板材每 100m³ 为一验收批。不足 100m³ 的单一工程部位的板材也按一批计； (2) 在外观质量、尺寸偏差检验合格的板材中抽取，抽样数量按照 GB/T 19766 中 7.1.3 条规定执行。具体抽样量同上
17	铝塑复合板 (GB 50210—2001) (GB/T 17748—2015)	铝合金板与夹层的剥离强度（用于外墙）	(1) 以同一等级、同一品种、同一规格的产品每 3000m² 按一批计； (2) 从每批中随机抽取三张板，分别在每张板上取 25mm×350mm 的试件二块
18	木材、木地板 (GB 50206—2001) (GB 50210—2001) (GB 50325—2010)		
	(1) 装饰单板贴面人造板 (GB/T 15104—2006) (2) 细木工板 (GB/T 5849—2016)	甲醛释放量	(1) 同一地点、同一类别、同一规格的产品为一验收批； (2) 随机抽取 3 份，并立即用不会释放或吸附甲醛的包装材料将样品密封

续表

序号	材料名称及相关标准、规范代号	进场复验项目	组批原则及取样规定
	（3）成型胶合板 （GB/T 22350—2008）	甲醛释放量	（1）同一地点、同一类别、同一规格的产品为一验收批； （2）甲醛释放量试验需随机抽取3份，并立即用不会释放或吸附甲醛的包装材料将样品密封
	（4）实木复合地板 （GB/T 18103—2013）		
	（5）中密度纤维板 （GB/T 11718—2009） （GB/T 17657—2013）		
19	墙体节能工程用保温材料 （GB 50411—2007）		
	（1）模塑聚苯乙烯泡沫塑料板 （GB/T 10801.1—2002）	导热系数 表观密度 压缩强度	同一厂家同一品种的产品，当单位工程建筑面积在20 000m² 以下各抽查不少于3次；20 000m² 以上时各抽查不少于6次； 抽样数量：2m²
	（2）挤塑聚苯乙烯泡沫塑料板 （GB/T 10801.2—2002）	导热系数 压缩强度	
	（3）建筑绝热用硬质聚氨酯泡沫塑料 （GB/T 21558—2008）	导热系数 表观密度 压缩性能	同一厂家同一品种的产品，当单位工程建筑面积在20 000m² 以下时各抽查不少于3次；20 000m² 以上时各抽查不少于6次； 抽样数量：2m²
	（4）喷涂硬质聚氨酯泡沫塑料 （GB/T 20219—2015）	导热系数 表观密度 抗压强度	（1）同一原料、同一配方、同一工艺的工程，体积不超过300m³ 或独栋建筑或面积不超过2000m² 为一批次，不到的按一个批次计算。 （2）随机抽取现场每批产品的化学原料A、B组分，按照供货方规定的配比充分混合均匀，喷涂成型，形成检验样或直接从现场挖取样本，然后进行检验
	（5）建筑保温砂浆 （GB/T 20473—2006）	导热系数 干表观密度 抗压强度 （压缩强度）	同一厂家同一品种的产品，当单位工程建筑面积在20 000m² 以下时各抽查不少于3次；20 000m² 以上时各抽查不少于6次； 抽样数量：7kg 干混合料
	（6）玻璃棉、矿渣棉、矿棉及其制品 （GB/T 13350—2008） （GB/T 11835—2016）	导热系数 密度	同一厂家同一品种的产品，当单位工程建筑面积在20 000m² 以下时各抽查不少于3次；20 000m² 以上时各抽查不少于6次； 抽样数量：板材 2m²，管材长度 2m

续表

序号	材料名称及相关标准、规范代号	进场复验项目	组批原则及取样规定
20	幕墙节能工程用保温材料 （GB 50411—2007）		
	（1）模塑聚苯乙烯泡沫塑料板 （GB/T 10801.1—2002）	导热系数 表观密度	同一厂家同一品种的产品，当单位工程建筑面积在20 000m²以下时各抽查不少于3次；20 000m²以上时各抽查不少于6次； 抽样数量：2m²
	（2）挤塑聚苯乙烯泡沫塑料板 （GB/T 10801.2—2002）	导热系数	
	（3）建筑绝热用硬质聚氨酯泡沫塑料 （GB/T 21558—2008）	导热系数 表观密度	同一厂家同一品种的产品，当单位工程建筑面积在20 000m²以下时各抽查不少于3次；20 000m²以上时各抽查不少于6次； 抽样数量：2m²
	（4）喷涂硬质聚氨酯泡沫塑料 （GB/T 20219—2015）	导热系数 表观密度	（1）同一原料、同一配方、同一工艺的工程，体积不超过300m³或独栋建筑或面积不超过2000m²为一批次，不到的按一个批次计算。 （2）随机抽取现场每批产品的化学原料A、B组分，按照供货方规定的配比充分混合均匀，喷涂成型，形成检验样本或直接从现场挖取样本，然后进行检验
	（5）建筑保温砂浆 （GB/T 20473—2006）	导热系数 干表观密度	同一厂家同一品种的产品，当单位工程建筑面积在20 000m²以下时各抽查不少于3次；20 000m²以上时各抽查不少于6次； 抽样数量：7kg干混合料
	（6）玻璃棉、矿渣棉、矿棉及其制品 （GB/T 13350—2000） （GB/T 11835—2007）	导热系数 密度	同一厂家同一品种的产品，当单位工程建筑面积在20 000m²以下时各抽查不少于3次；20 000m²以上时各抽查不少于6次； 抽样数量：板材2m²，管材长度2m
21	屋面、地面节能工程用保温材料 （GB 50411—2007）		
	（1）模塑聚苯乙烯泡沫塑料板 （GB/T 10801.1—2002）	导热系数 表观密度 压缩强度	同一厂家同一品种的产品，当单位工程建筑面积在20 000m²以下时各抽查不少于3次；20 000m²以上时各抽查不少于6次； 抽样数量：2m²
	（2）挤塑聚苯乙烯泡沫塑料板 （GB/T 10801.2—2002）	导热系数 压缩强度	

序号	材料名称及相关标准、规范代号	进场复验项目	组批原则及取样规定
	（3）建筑绝热用硬质聚氨酯泡沫塑料（GB/T 21558—2008）	导热系数 表观密度 压缩性能	同一厂家同一品种的产品，当单位工程建筑面积在20 000m²以下时各抽查不少于3次；20 000m²以上时各抽查不少于6次； 抽样数量：2m²
	（4）喷涂硬质聚氨酯泡沫塑料（GB/T 20219—2015）	导热系数 表观密度 抗压强度	（1）同一原料、同一配方、同一工艺的工程，体积不超过300m³或独栋建筑或面积不超过2000m²为一批次，不到的按一个批次计算。 （2）随机抽取现场每批产品的化学原料A、B组分，按照供货方规定的配比充分混合均匀，喷涂成型，形成检验样本或直接从现场挖取样本，然后进行检验
	（5）建筑保温砂浆（GB/T 20473—2006）	导热系数 干表观密度 抗压强度（压缩强度）	同一厂家同一品种的产品，当单位工程建筑面积在20 000m²以下时各抽查不少于3次；20 000m²以上时各抽查不少于6次； 抽样数量：7kg干混合料
	（6）玻璃棉、矿渣棉、矿棉及其制品（GB/T 13350—2000）（GB/T 11835—2007）	导热系数 密度	同一厂家同一品种的产品，当单位工程建筑面积在20 000m²以下时各抽查不少于3次；20 000m²以上时各抽查不少于6次； 抽样数量：板材2m²，管材长度2m
22	采暖、通风和空调用保温材料（GB 50411—2007）		
	（1）柔性泡沫橡塑绝热制品（GB/T 17794—2008） （2）玻璃棉、矿渣棉、矿棉及其制品（GB/T 13350—2008）（GB/T 11835—2016）	导热系数 密度 吸水率	同一厂家同一品种的产品，当单位工程建筑面积在20 000m²以下时各抽查不少于3次；20 000m²以上时各抽查不少于6次； 抽样数量：板材2m²，管材长2m
	（3）高密度聚乙烯外护管聚氨酯泡沫塑料预制直埋保温管（CJ/T 114—2000）	导热系数 密度 吸水率	同一厂家同一品种的产品，当单位工程建筑面积在20 000m²以下时各抽查不少于3次；20 000m²以上时各抽查不少于6次； 抽样数量：管材长2m
23	黏结材料（GB 50411—2007）		

续表

序号	材料名称及相关标准、规范代号	进场复验项目	组批原则及取样规定
	（1）胶黏剂 （JGJ 144—2004） （JG/T 158—2013） （JG 149—2006）	黏结强度（常温常态浸水48h拉伸黏结强度（与水泥砂浆））	同一厂家同一品种的产品，当单位工程建筑面积在20 000m²以下时各抽查不少于3次；20 000m²以上时各抽查不少于6次； 抽样数量：5kg
	（2）黏结砂浆 （JG/T 230—2007）	拉伸黏结原强度（与聚苯板和水泥砂浆）	同一厂家同一品种的产品，当单位工程建筑面积在20 000m²以下时各抽查不少于3次；20 000m²以上时各抽查不少于6次； 抽样数量：5kg
	（3）瓷砖黏结剂 （JC/T 547—2005） （JG/T 230—2007）	黏结强度（黏结拉伸强度）	同一厂家同一品种的产品，当单位工程建筑面积在20 000m²以下时各抽查不少于3次；20 000m²以上时各抽查不少于6次； 抽样数量：5kg
24	增强网 （GB 50411—2007）		
	（1）耐碱型玻纤网格布 （JC/T 561.2—2006）	力学性能 抗腐蚀性能	同一厂家同一品种的产品，当单位工程建筑面积在20 000m²以下时各抽查不少于3次；20 000m²以上时各抽查不少于6次； 抽样数量：长度2m
	（2）镀锌钢丝网 （QB/T 3897—1999）	力学性能 抗腐蚀性能	同一厂家同一品种的产品，当单位工程建筑面积在20 000m²以下时各抽查不少于3次；20 000m²以上时各抽查不少于6次； 抽样数量：长度2m
25	建筑外窗 （GB 50210—2001） （GB 50411—2007）	抗风压性能 空气渗漏性能 雨水渗透性能 气密性 传热系数 中空玻璃露点	（1）同一厂家的同一品种、类型、规格的门窗及门窗玻璃每100樘划分为一个检验批，不足100樘也为一个检验批； （2）同一厂家同一品种同一类型的产品各抽查不少于3樘
26	幕墙 （GB 50411—2007） （GB/T 21086—2007）	气密性能	（1）当幕墙面积大于3000m²或建筑外墙面积50%时，应现场抽取材料和配件，在检测试验室安装制作试件进行检测； （2）应对一个单位工程中面积超过1000m²的每一种幕墙均取一个试件进行检测

序号	材料名称及相关标准、规范代号	进场复验项目	组批原则及取样规定
27	幕墙玻璃 (GB 50411—2007) (GB/T 11944—2012)	传热系数 遮阳系数 可见光透射比 中空玻璃露点	(1) 采用相同材料、在同一工艺条件下生产的中空玻璃500块为一批。 (2) 产品的露点和充气中空玻璃初始气体含量在交货批中，随机抽取性能要求的数量进行检验。 对于产品所要求的其他技术性能，若用制品检验时，根据检验项目所要求的数量从该批产品中随机抽取。若用试样进行检验时，应采用相同材料、在同一工艺条件下制作的试样。当检验项目为非破坏性试验时可继续进行其他项目的检测
28	幕墙隔热型材 (GB 50411—2007) (GB 5237.6—2012) (JG/T 175—2011)	抗拉强度 抗剪强度	隔热型材应成批提交验收，每批应由同一牌号和状态的铝合金型材与同一种隔热材料通过同一种复合工艺制作成的同一类别、规格和表面处理方式（允许隔热型材中的两部分铝合金型材为不同的表面处理）的隔热型材组成
29	散热器 (GB 50411—2007)	单位散热量 金属热强度	同一厂家同一规格的散热器按其数量的1%见证取样送检，但不得少于2组
30	风机盘管机组 (GB 50411—2007) (GB/T 19232—2003)	供冷量 供热量 风量 出口静压 功率 噪声	同一厂家的风机盘管机组按数量复验2%，不得少于2台
31	低压配电系统用电缆、电线 (GB 50411—2007)	截面 每芯导体电阻值	同一厂家各种规格总数的10%，且不少于2个规格
32	钢结构工程用高强螺栓 (GB 50205—2001)	连接副预应力	(1) 在施工现场待安装的检验批中随机抽取； (2) 每批应抽取8套
		连接副扭矩系数	(1) 在施工现场待安装的检验批中随机抽取； (2) 每批应抽取8套
		连接摩擦面抗滑移系数	(1) 制造批可按分部（子分部）工程划分规定的工程量每2000t为一批，不足2000t可视为一批； (2) 选用两种或两种以上处理工艺时，每种处理工艺应单独检验； (3) 每批三组试件
33	钢网架 (GB 50205—2001)	节点承载力	每项试验做3个试件

2）取样频率应正确。在材料的质量标准中，均明确规定了产品出厂（矿）检验的取样频率，在一些质量验收规范中（如防水材料施工验收规范）也规定取样批次。必须确保取样频率不低于这些规定，这是控制材料质量的需要，也是工程顺利进行验收的需要。业主、政府主管部门、勘察单位、设计单位在工程施工过程中一般介入得不深，在主体或竣工验收时，主要是看质量保证资料和外观；如果取样频率不够，往往会对工程质量产生质疑，作为材料管理人员要重视这一问题。

3）选择资质符合要求的实验室来进行检测。材料取样后，应在规定的时间内送检，送检前，监理工程师必须考察试验室的资质等级情况。试验室要经过当地政府主管部门批准，持有在有效期内的"建筑企业试验室资质等级证书"，其试验范围必须在规定的业务范围内。

4）认真审定抽检报告。与材料见证取样表对比，做到物单相符。将试验数据与技术标准规定值或设计要求值进行对照，确认合格后方可允许使用该材料。否则，责令施工单位将该种或该批材料立即运离施工现场，对已应用于工程的材料及时作出处理意见。

（3）合理组织材料供应，确保施工正常进行。项目部应合理地、科学地组织材料采购、加工、储备、运输，建立严密的计划、调度与管理体系，加快材料的周转，减少材料的占用量，按质、按量、如期满足工程项目需要。

（4）合理组织材料使用，减少材料的损失。正确按定额计量，使用材耗损降低，加强运输和仓库保管工作，加强材料限额管理和发放工作，健全现场管理制度以避免材料损失。

二、新型建筑材料推广与应用

1. 实施工程建设强制性标准监督规定

《实施工程建设强制性标准监督规定》第五条规定，工程建设中拟采用的新技术、新工艺、新材料，不符合现行强制性规定的，应当由拟采用单位提请建设单位组织专题技术论证，报批准标准的建设行政主管部门或者国务院有关主管部门审定。

工程建设中采用国际标准或者国外标准，现行强制性标准未作规定的，建设单位应当向国务院建设行政主管部门或者国务院有关行政主管部门备案。

本条是对不符合现行强制性标准或现行强制性标准未作规定的特定情形。

（1）科学技术是推动标准化发展的动力。人们的生产实践活动都需要运用科学技术，依照对客观规律的认识，掌握了科学技术和实践经验，去制定一套生产建设活动的技术守则，以指导、制约人们的活动，从而避免因违反客观事物规律受到惩罚或经济损失；同时也是准确评价劳动成果，公正解决贸易纠纷的尺度，通过标准来指导生产建设，促进工程质量、效益的提高，科学技术成为标准的重要组成部分，也是推动标准化发展的动力。

标准是以实践经验的总结和科学技术的发展为基础的，它不是某项科学技术研究成果，也不是单纯的实践经验总结，而必须是体现两者有机结合的综合成果。实践经验需要科学的归纳、分析、提炼，才能具有普遍的指导意义；科学技术研究成果必须通过实践检验才能确认其客观实际的可靠程度。因此，任何一项新技术、新工艺、新材料要纳入到标准中，必须具备：①技术鉴定；②通过一定范围内的试行；③按照标准的制定提炼加工。

标准与科学技术发展密切相连，标准应当与科学技术发展同步，适时将科学技术纳入到标准中去。科技进步是提高标准制定质量的关键环节。反过来，如果新技术、新工艺、新材料得不到推行，就难以获取实践的检验，也不能验证其正确性，纳入到标准中也会不可靠。为此，给出适当的条件允许其发展，是建立标准与科学技术桥梁的重要机制。

（2）层次的界限。在本条的规定中，分出了两个层次的界限：①不符合现行强制性标准规定的；②现行强制性标准未作规定的。这两者的情况是不一样的，对于新技术、新工艺、新材料不符合现行强制性标准规定的，是指现行强制性标准中已经有明确的规定或者限制，而新技术、新工艺、新材料达不到这些要求或者超过其限制条件，则受本《规定》的约束；对于国际标准或者国外标准的规定，现行强制性标准未作规定，采纳时应当办理备案程序，责任由采纳单位负责。但是，如果国际标准或者国外标准的规定不符合现行强制性标准规定，则不允许采用。这是，国际标准或者国外标准的规定属于新技术、新工艺、新材料的范畴，则应该按照新技术、新工艺、新材料的规定进行审批。

（3）国际标准和国外标准。积极采用国际标准和国外先进标准是我国标准化工作的原则。国际标准是指国际标准化组织 ISO 和国际电工委员会 IEC 所制定的标准，以及 ISO 确认并公布的其他国际组织制定的标准。

国外标准是指未经 ISO 确认并公布的其他国际组织的标准、发达国家的国家标准、区域性组织的标准、国际上有权威的团体和企业（公司）标准中的标准。

由于国际标准和国外标准制定的条件不尽相同，在我国对此类标准进行实施时，如果工程中采用的国际标准，规定的内容不涉及强制性标准的内容，一般在双方约定或者合同中采用即可；如果涉及强制性标准的内容，即与安全、卫生、环境保护和公共利益有关，此时在执行标准上涉及国家主权的完整问题，因此，应纳入标准实施的监督范畴。

（4）程序。无论是采用新技术、新工艺、新材料还是采用国际标准或者国外标准，首先是建设项目的建设单位组织论证，决定是否采用，然后按照项目的管理权限通过负责实施强制性标准监督的建设行政主管部门或者其他有关行政部门，根据标准的具体规定向标准的批准部门提出。国务院建设行政主管部门、国务院有关部门和各省级建设行政主管分别作为国家标准和行业标准的批准部门，根据技术论证的结果确定是否同意。

2. 建设领域推广应用新技术管理规定

《建设领域推广应用新技术管理规定》（建设部令第109号）所称的新技术是指经过鉴定、评估的先进、成熟、适用的技术、材料、工艺、产品。所称的限制、禁止使用的落后技术是指已无法满足工程建设、城市建设、村镇建设等领域的使用要求，阻碍技术进步与行业发展，且已有替代技术，需要对其应用范围加以限制或者禁止使用的技术、材料、工艺和产品。

第六条 推广应用新技术和限制、禁止使用落后技术的发布采取以下方式：

（一）《建设部重点实施技术》（以下简称《重点实施技术》）。由国务院建设行政主管部门根据产业优化升级的要求，选择技术成熟可靠，使用范围广，对建设行业技术进步有显著促进作用，需重点组织技术推广的技术领域，定期发布。

《重点实施技术》主要发布需重点组织技术推广的技术领域名称。

（二）《推广应用新技术和限制、禁止使用落后技术公告》（以下简称《技术公告》）。根据《重点实施技术》确定的技术领域和行业发展的需要，由国务院建设行政主管部门和省、自治区、直辖市人民政府建设行政主管部门分别组织编制，定期发布。

《技术公告》主要发布推广应用和限制、禁止使用的技术类别、主要技术指标和适用范围。

限制和禁止使用落后技术的内容，涉及国家发布的工程建设强制性标准的，应由国务院建设行政主管部门发布。

（三）《科技成果推广项目》（以下简称《推广项目》）。根据《技术公告》推广应用新技术的要求，由国务院建设行政主管部门和省、自治区、直辖市人民政府建设行政主管部门分别组织专家评选具有良好推广应用前景的科技成果，定期发布。

《推广项目》主要发布科技成果名称、适用范围和技术依托单位。其中，产品类科技成果发布其生产技术或者应用技术。

3. 建设部推广应用新技术管理细则

第七条　建设部通过科技示范工程（以下简称示范工程）和新技术产业化基地（以下简称产业化基地）、科技发展试点城市、企业技术中心及技术市场等形式，推动建设行业推广应用新技术。

第九条　城市规划、公用事业、工程勘察、工程设计、建筑施工、工程监理、房地产开发和物业管理等单位，应当积极采用建设部推广应用的新技术，严格执行限用和禁用落后技术规定，其应用新技术的业绩应当作为衡量企业技术进步的重要内容。

第十六条　对技术公告公布的限用和禁用技术，施工图设计审查单位、工程监理单位和质量监督部门应将其列为审查内容；建设单位、设计单位和施工单位不得在工程中使用；凡违反技术公告应用禁用或限用落后技术的，视同使用不合格的产品，建设行政主管部门不得验收、备案；违反技术公告并违反工程建设强制性标准的，依据《建设工程质量管理条例》对实施单位进行处罚。

第十九条　推广项目立项应具备以下条件：

（1）符合重点实施技术领域、技术公告和科技成果推广应用的需要。

（2）通过科技成果鉴定、评估或新产品新技术鉴定，鉴定时间一般在一年以上。

（3）具备必要的应用技术标准、规范、规程、工法、操作手册、标准图、使用维护管理手册或技术指南等完整配套且指导性强的标准化应用技术文件。

（4）技术先进、成熟、辐射能力强，适合在全国或较大范围内推广应用。

（5）申报单位必须是成果持有单位且具备较强的技术服务能力。

（6）没有成果或其权属的争议。

第五章

水泥及进场检验

一、水泥分类及技术要求

1. 通用硅酸盐水泥

（1）分类。通用水泥主要指通用硅酸盐水泥，它是以硅酸盐水泥熟料和适量的石膏及规定的混合材料制成的水硬性胶凝材料。

1）通用硅酸盐水泥按混合材料的品种和掺量分为硅酸盐水泥、普通硅酸盐水泥、矿渣硅酸盐水泥、火山灰质硅酸盐水泥、粉煤灰硅酸盐水泥和复合硅酸盐水泥。

2）按强度等级分类如下。

①硅酸盐水泥的强度等级分为 42.5、42.5R、52.5、52.5R、62.5、62.5R 六个等级。

②普通硅酸盐水泥的强度等级分为 42.5、42.5R、52.5、52.5R 四个等级。

③矿渣硅酸盐水泥、火山灰质硅酸盐水泥、粉煤灰硅酸盐水泥、复合硅酸盐水泥的强度等级分为 32.5、32.5R、42.5、42.5R、52.5、52.5R 六个等级。

（2）通用硅酸盐水泥技术要求。

1）化学指标。通用硅酸盐水泥化学指标应符合表 5-1 的规定。

2）碱含量（选择性指标）。水泥中碱含量按 $Na_2O+0.658K_2O$ 计算值表示。若使用活性集料，用户要求提供低碱水泥时，水泥中的碱含量应不大于 0.60% 或由买卖双方协商确定。

3）物理指标。

①凝结时间。硅酸盐水泥初凝时间不小于 45min，终凝时间不大于 390min。普通硅酸盐水泥、矿渣硅酸盐水泥、火山灰质硅酸盐水泥、粉煤灰硅酸盐水泥和复合硅酸盐水泥初凝不小于 45min，终凝不大于 600min。

②安全性。沸煮法合格。

表 5-1　　　　　　　　　　**通用硅酸盐水泥化学指标**　　　　　　（单位：%）

品　种	代号	溶物 （质量分数）	烧失量 （质量分数）	三氧化硫 （质量分数）	氧化镁 （质量分数）	氯离子 （质量分数）
硅酸盐水泥	P·Ⅰ	≤0.75	≤3.0	≤3.5	≤5.0①	≤0.06③
	P·Ⅱ	≤1.50	≤3.5			
普通硅酸盐水泥	P·O	—	≤5.0			
矿渣硅酸盐水泥	P·S·A	—	—	≤4.0	≤6.0②	
	P·S·B	—	—			
火山灰质硅酸盐水泥	P·P	—	—	≤3.5	≤6.0②	
粉煤灰硅酸盐水泥	P·F	—	—			
复合硅酸盐水泥	P·C	—	—			

注：①如果水泥压蒸试验合格，则水泥中氧化镁的含量（质量分数）允许放宽至 6.0%。
②如果水泥中氧化镁的含量（质量分数）大于 6.0%时，需进行水泥压蒸安定性试验并合格。
③当有更低要求时，该指标由买卖双方确定。

③强度。不同品种不同强度等级的通用硅酸盐水泥，其不同龄期的强度应符合表 5-2 的规定。

④细度（选择性指标）。硅酸盐水泥和普通硅酸盐水泥的细度以比表面积表示，其比表面积不小于 300m²/kg；矿渣硅酸盐水泥、火山灰质硅酸盐水泥、粉煤灰硅酸盐水泥和复合硅酸盐水泥的细度以筛余表示，其 80μm 方孔筛筛余不大于 10%或 45μm 方孔筛筛余不大于 30%。

表 5-2　　　　　　　　　　**通用硅酸盐水泥的强度等级**　　　　　（单位：MPa）

品　种	强度等级	抗压强度		抗折强度	
		3d	28d	3d	28d
硅酸盐水泥	42.5	≥17.0	≥42.5	≥3.5	≥6.5
	42.5R	≥22.0		≥4.0	
	52.5	≥23.0	≥52.5	≥4.0	≥7.0
	52.5R	≥27.0		≥5.0	
	62.5	≥28.0	≥62.5	≥5.0	≥8.0
	62.5R	≥32.0		≥5.5	
普通硅酸盐水泥	42.5	≥17.0	≥42.5	≥3.5	≥6.5
	42.5R	≥22.0		≥4.0	
	52.5	≥23.0	≥52.5	≥4.0	≥7.0
	52.5R	≥27.0		≥5.0	

续表

品　种	强度等级	抗压强度		抗折强度	
		3d	28d	3d	28d
矿渣硅酸盐水泥 火山灰硅酸盐水泥 粉煤灰硅酸盐水泥 复合硅酸盐水泥	32.5	≥10.0	≥32.5	≥2.5	≥5.5
	32.5R	≥15.0		≥3.5	
	42.5	≥15.0	≥42.5	≥3.5	≥6.5
	42.5R	≥19.0		≥4.0	
	52.5	≥21.0	≥52.5	≥4.0	≥7.0
	52.5R	≥23.0		≥4.5	

2. 砌筑水泥

凡由一种或一种以上的水泥混合材料，加入适量硅酸盐水泥熟料和石膏，经磨细制成的工作性较好的水硬性胶凝材料，称为砌筑水泥，代号 M。国标《砌筑水泥》（GB/T 3183—2003）的技术要求主要有：

（1）细度：0.080mm（80μm）方孔筛筛余不得超过 10%。

（2）凝结时间：初凝不得早于 60min，终凝不得迟于 12h。

（3）安定性：用沸煮法检验必须合格。水泥中 SO_3 含量不得超过 4.0%。

（4）强度等级：分为 12.5、22.5 两种。

（5）保水率：不低于 80%。

砌筑水泥强度等级较低，能满足砌筑砂浆强度要求。利用大量的工业废渣作为混合材料，降低水泥成本。砌筑水泥的生产、应用，一改过去用高强度等级水泥配制低强度等级砌筑砂浆、抹面砂浆的不合理不经济现象。砌筑水泥适用于砖、石、砌块砌体的砌筑砂浆和内墙抹面砂浆，不得用于钢筋混凝土工程。

3. 白色硅酸盐水泥

以适当成分的生料烧至部分熔融，所得以硅酸钙为主要成分，氧化铁含量少的熟料。称为白色硅酸盐水泥熟料。以白色硅酸盐水泥熟料加入适量石膏磨细制成的水硬性胶凝材料称为白色硅酸盐水泥（简称白水泥）。

硅酸盐水泥呈暗灰色，主要原因是其含 Fe_2O_3 较多（Fe_2O_3 含量为 3%～4%）。当 Fe_2O_3 含量在 0.5% 以下时，则水泥接近白色。白色硅酸盐水泥的生产须采用纯净的石灰石、纯石英砂、高岭土作原料，采用无灰分的可燃气体或液体燃料，磨机采用铸石衬板，研磨体用石球。生产过程严格控制 Fe_2O_3 并尽可能减少 MnO、TiO_2 等着色氧化物。因此白水泥生产成本较高。白水泥的技术性质与产品等级介绍如下。

（1）细度、凝结时间、安定性及强度。按国家标准《白色硅酸盐水泥》（GB/T 2015—2005）规定，白色水泥细度要求 $80\mu m$ 方孔筛筛余量不超过 10%；凝结时间初凝时间不早于 45min，终凝时间不迟于 10h；体积安定性用沸煮法检验必须合格，同时熟料中氧化镁含量不得超过 5.0%，水泥中三氧化硫含量不得超过 3.5%；按 3d、28d 的抗折强度与抗压强度分为 32.5、42.5、52.5 三个强度等级；产品白度值应不低于 87。

（2）废品与不合格品。凡三氧化硫、初凝时间、安定性中任一项不符合标准规定或强度低于最低等级的指标时为废品。

凡细度、终凝时间、强度和白度任一项不符合标准规定的，或水泥包装标志中品种、生产者名称、出厂编号不全的，为不合格品。

白水泥粉磨时加入碱性厂物颜料可制成彩色水泥。白色水泥与彩色水泥主要用于建筑物内外表面的装饰工程和人造大理石、水磨石制品。

4. 抗硫酸盐硅酸盐水泥

抗硫酸盐硅酸盐水泥简称抗硫酸盐水泥，具有较高的抗硫酸盐侵蚀的特性。按其抗硫酸盐侵蚀程度分为中抗硫酸盐硅酸盐水泥和高抗硫酸盐硅酸盐水泥两类。其定义、用途和技术要求见表 5-3、表 5-4。

表 5-3　　　　　　抗硫酸盐硅酸盐水泥的定义、用途和技术要求

项　目	内容或指标		
定义	中抗硫酸盐硅酸盐水泥： 　　以特定矿物组成的硅酸盐水泥熟料，加入适量石膏，磨细制成的具有抵抗中等浓度硫酸根离子侵蚀的水硬性胶凝材料，称为中抗硫酸盐硅酸盐水泥，简称中抗硫酸盐水泥，代号 P·MSR。 高抗硫酸盐硅酸盐水泥： 　　以特定矿物组成的硅酸盐水泥熟料，加入适量石膏，磨细制成的具有抵抗较高浓度硫酸根高子侵蚀的水硬性胶凝材料，称为高抗硫酸盐硅酸盐水泥，简称高抗硫酸盐水泥，代号 P·HSR。		
硅酸三钙 铝酸三钙 含量	水泥名称	硫酸三钙（C_3S）/（%）	铝酸三钙（C_3A）/（%）
	中抗硫水泥	≤55.0	≤5.0
	高抗硫水泥	≤50.0	≤3.0
烧失量	水泥中烧失量不得超过 3.0%		
氧化镁	水泥中氧化镁含量不得超过 5.0%。如果水泥经过压蒸安定性试验合格，则水泥中氧化镁含量允许放宽到 6.0%		

续表

项 目	内容或指标
碱含量	水泥中碱含量按 $w(Na_2O)+0.658w(K_2O)$ 计算值来表示，若使用活性集料，用户要求提供低碱水泥时，水泥中的碱含量不得大于 0.60%，或由供需双方商定
三氧化硫	水泥中三氧化硫的含量不得超过 2.5%
不溶物	水泥中的不溶物不得超过 1.50%
比表面积	水泥比表面积不得小于 $280m^2/kg$
凝结时间	初凝不得早于45min，终凝不得迟于10h
安定性	用沸煮法检验，必须合格
强度	水泥强度等级按规定龄期的抗压强度和抗折强度来划分，两类水泥均分为32.5、42.5两个强度等级，各等级水泥的各龄期强度不得低于表4-4数值

注：表中百分数（%）均为质量比（m/m）。

表 5 - 4　　抗硫酸盐硅酸盐各等级中抗硫、高抗硫水泥的各龄期强度值

水泥强度等级	抗压强度/MPa		抗折强度/MPa	
	3d	28d	3d	28d
32.5	10.0	32.5	2.5	6.0
42.5	15.0	42.5	3.0	6.5

注：抗硫酸盐水泥适用于一般受硫酸盐侵蚀的海港、水利、地下、隧涵、引水、道路和桥梁基础等工程。

二、水泥进场验收的基本内容

1. 核对包装及标志是否相符

水泥的包装及标志，必须符合标准规定。通用水泥一般为袋装，也可以散装。袋装水泥规定每袋净重50kg，且不得少于标志质量的98%；随机抽取20袋，水泥总质量不得少于1000kg。水泥包装袋应符合标准规定，袋上应清楚标明：产品名称，代号，净含量，强度等级，生产许可证编号，生产者名称和地址，出厂编号，执行标准号，包装年、月、日。掺火山灰质混合材料的普通水泥或矿渣水泥，还应标上"掺火山灰"字样。复合水泥，应标明主要混合材料名称。包装袋两侧，应印有水泥名称和强度等级，硅酸盐水泥和普通水泥的印刷采用红色，矿渣水泥采用绿色，火山灰水泥、粉煤灰水泥及复合水泥采用黑色。散装供应的水泥，应提交与袋装标志相同内容的卡片。

通过对水泥包装和标志的核对，不仅可以发现包装的完好程度，盘点和检验数量是否给足，还能核对所购水泥与到货的产品是否完全一致，及时发现和纠正可能出现的产品混杂现象。

2. 校对出厂检验的试验报告

水泥出厂前，由水泥厂按批号进行出厂检验，填写试验报告。试验报告应包括标准规定的各项技术要求及试验结果、助磨剂、工业副产品石膏、混合材料名称和掺加量、属旋窑或立窑生产。当用户需要时，水泥厂应在水泥发出日起7d内，寄发除28d强度以外的各项试验结果。28d强度数值，应在水泥发出日起32d内补报。

施工部门购进的水泥，必须取得同一编号水泥的出厂检验报告，并认真校核。要校对试验报告的编号与实收水泥的编号是否一致，试验项目是否遗漏，试验测值是否达标。

水泥出厂检验的试验报告，不仅是验收水泥的技术保证依据，也是施工单位长期保留的技术资料，直至工程验收时作为用料的技术凭证。

3. 交货验收检验

水泥交货时的质量验收依据，标准中规定了两种：一种是以抽取实物试样的检验结果为依据，另一种是以水泥厂同编号水泥的检验报告为依据。采用哪种依据由买卖双方商定，并在合同协议中注明。

以抽取实物试样的检验结果为依据时，买卖双方应在发货前或交货地共同取样和签封。按取样方法标准抽取20kg水泥试样，缩分为两等份，一份由卖方保存，另一份由买方按规定的项目和方法进行检验。在40d以内，对产品质量有异议时，将卖方封存的一份进行仲裁检验。以水泥厂同编号水泥的检验报告为依据时，在发货前或交货时，由买方抽取该编号试样，双方共同签封保存；或委托卖方抽取该编号试样，签封后保存。三个月内，买方对水泥质量有疑问时，双方将签封试样进行仲裁检验。

仲裁检验，应送省级或省级以上国家认可的水泥质量监督检验机构。

三、水泥质量检验

水泥进入现场后应进行复检。

1. 检验内容和检验批确定

水泥应按批进行质量检验。检验批可按如下规定确定：

（1）同一水泥厂生产的同品种、同强度等级同一出厂编号的水泥为一批。但散装水泥一批的总量不得超过 500t，袋装水泥一批的总量不得超过 200t。

（2）当采用同一厂家生产的质量长期稳定的、生产间隔时间不超过 10d 的散装水泥可以 500t 作为一批检验批。

（3）取样时应随机从不少于 3 个车罐中各采取等量水泥，经混拌均匀后，再从中称取不少于 12kg 水泥作为检验样。

水泥进场时应对其品种、级别、包装或散装仓号、出厂日期进行检查，并对其强度、安定性及其他必要的性能指标进行复验，其质量指标必须符合现行国家标准《通用硅酸盐水泥》(GB 175—2007) 的规定。

当在使用中对水泥质量有怀疑或水泥出厂超过三个月（快硬硅酸盐水泥超过一个月）时，应进行复验，并按复验结果使用。

钢筋混凝土结构、预应力混凝土结构中，严禁使用含氯化物的水泥。

2. 复验项目

水泥的复验项目主要有细度或比表面积、凝结时间、安定性、标准稠度用水量、抗折强度和抗压强度。

3. 不合格品及废品处理

（1）不合格品水泥。凡细度、终凝时间、不溶物和烧失量中有一项不符合《通用硅酸盐水泥》(GB 175—2007)、规定或混合材料掺加量超过最大限量和强度低于相应强度等级的指标时为不合格品。水泥包装标志中水泥品种、强度等级、生产单位名称和出厂编号不全的也属于不合格品。不合格品水泥应降级或按复验结果使用。

（2）废品水泥。当氧化镁、三氧化硫、初凝时间、安定性中任一项不符合国家标准规定时，该批水泥为废品。废品水泥严禁用于建设工程。

四、水泥保管

1. 防止受潮

水泥为吸湿性强的粉状材料，遇有水湿后，即发生水化反应。在运输过程中，要采取防雨、雪措施，在保管中要严防受潮。

在现场短期存放袋装水泥时，应选择地势高、平坦坚实、不积水的地点，先垫高垛底，铺上油毡或钢板后，将水泥码放规整，垛顶用苫布盖好盖牢。如专供现场搅拌站用料，且时间较长，应搭设简易棚库，同样做好上苫、下垫。

较永久性集中供应水泥的料站，应设有库房。库房应不漏雨，应有坚实平整的地面，库内应保持干燥通风。码放水泥要有垫高的垛底，垛底距地面应在30cm以上，垛边离开墙壁应在20cm以上。

散装水泥应有专门运输车，直接卸入现场的特制贮仓。贮仓一般邻近现场搅拌站设置，贮仓的容量要适当，要便于装入和取出。

2. 防止水泥过期

水泥即使在良好条件下存放，也会因吸湿而逐渐失效。因此，水泥的贮存期不能过长。一般品种的水泥，贮存期不得超过3个月，特种水泥还要短些。过期的水泥，强度下降，凝结时间等技术性能将会改变，必须经过复检才能使用。

因此，从水泥收进时起，要按出厂日期不同分别放置和管理，在安排存放位置时，就要预见，以便于做到早出厂的早发。要有周密的进、发料计划，预防水泥压库。

3. 避免水泥品种混乱

严防水泥品种、强度等级、出厂日期等在保管中发生混乱；特别是不同成分系列的水泥混乱。水泥的混乱，必然会引发错用水泥的工程事故。

为避免混乱现象的发生，放置要有条理，分门别类地做好标志。特别是散装水泥，必须做到物、卡、贮仓号相符。袋装水泥不能串袋，如收起落地灰改用了包装，过期水泥经复检已低于袋上的强度标志等，都是发错的原因。

4. 加强水泥应用中的管理

加强检查，坚持限额领料，杜绝使用中的各种浪费现象。

一般情况下，设计单位不指定水泥品种；要发挥施工部门合理选用水泥品种的自主性。要弄清不同水泥的特性和适用范围，做到物尽其用，最大限度地提高技术经济效益。要有强度等级的概念，选用水泥的强度等级要与构筑物的强度要求相适应，用高强度等级的水泥配制低等级的混凝土或砂浆，是水泥应用中的最大浪费。要努力创造条件，推广使用散装水泥，推广使用预拌混凝土。

五、水泥抽样及处置

1. 检验批

使用单位在水泥进场后，应按批对水泥进行检验。根据国家标准《混凝土结构工程施工质量验收规范》（GB 50204—2015）规定，按同一生产厂家、同一等级、同一品种、同一批号且连续进场的水泥，袋装不超过200t为一批，散装不超过 500t 为一批，每批抽样不少于一次。

2. 水泥的取样

（1）取样单位。即按每一检验批作为一个取样单位，每检验批抽样不少于一次。

（2）取样数量与方法。为了使试样具有代表性，可在散装水泥卸料处或输送水泥运输机具上 20 个不同部位取等量样品，总量至少 12kg。然后采用缩分法将样品缩分到标准要求的规定量。

3. 试样制备

试验前应将试样通过 0.9mm 方孔筛，并在（110±1)℃烘干箱内烘干，备用。

4. 试验室条件

试验室的温度为（20±2)℃，相对湿度不低于 50％；水泥试样、拌和水、标准砂、仪器和用具的温度应与试验室一致；水泥标准养护箱的温度为（20±1)℃，相对湿度不低于 90％。

第六章

石灰、石膏及进场检验

一、石灰

1. 石灰的品种、特性、用途

石灰的品种、组成、特性和用途见表6-1。

表6-1   石灰的品种、组成、特性和用途

品种	块灰（生石灰）	磨细生石灰（生石灰粉）	熟石灰（消石灰）	石灰膏	石灰乳（石灰水）
组成	以含碳酸钙（$CaCO_3$）为主的石灰石经过（800～1000℃）高温煅烧而成,其主要成分为氧化钙（CaO）	由火候适宜的块灰经磨细而成粉末状的物料	将生石灰（块灰)淋以适当的水(约为石灰重量的60%～80%),经熟化作用所得的粉末状材料[$Ca(OH)_2$]	将块灰加入足量的水,经过淋制熟化而成的厚膏状物质[$Ca(OH)_2$]	将石灰膏用水冲淡所成的浆液状物质
特性和细度要求	块灰中的灰分含量越少,质量越高;通常所说的三七灰,即指三成灰粉七成块灰	与熟石灰相比,具有快干、高强等特点,便于施工。成品需经4900孔/cm^2的筛子过筛	需经3～6mm的筛子过筛	淋浆时应用孔径为6mm的网格过滤;应在沉淀池内储存两周后使用;保水性能好	—
用途	用于配制磨细生石灰、熟石灰、石灰膏等	用作硅酸盐建筑制品的原料,并可制作碳化石灰板、砖等制品,还可配制熟石灰、石灰膏等	用于拌制灰土（石灰、黏土）和三合土（石灰、粉土、砂或矿渣）	用于配制石灰砌筑砂浆和抹灰砂浆	用于简易房屋的室内粉刷

2. 石灰的主要技术指标

按石灰中氧化镁的含量，将生石灰和生石灰粉划分为钙质石灰（MgO<5%）和镁质石灰（MgO≥5%）；按消石灰中氧化镁的含量将消石灰粉划分为钙质消石灰粉（MgO<4%）、镁质消石灰粉（4%≤MgO≤24%）和白云石消石灰粉（24%≤MgO≤30%）。建筑石灰按质量可分为优等品、一等品、合格品三种，具体指标应满足表6-2～表6-4的要求。

表6-2　　　　　　　　　生石灰的主要技术指标

项　　目	钙质生石灰			镁质生石灰		
	优等品	一等品	合格品	优等品	一等品	合格品
(CaO+MgO)含量（%），不小于	90	85	80	85	80	75
未消化残渣含量（5mm圆孔筛余）（%），不大于	5	10	15	5	10	15
CO_2含量（%），不大于	5	7	9	6	8	10
产浆量/(L/kg)，不小于	2.8	2.3	2.0	2.8	2.3	2.0

表6-3　　　　　　　　　生石灰粉的技术指标

项　　目		钙质生石灰粉			镁质生石灰粉		
		优等品	一等品	合格品	优等品	一等品	合格品
(CaO+MgO)含量（%），不小于		85	80	75	80	75	70
CO_2含量（%），不大于		7	9	11	8	10	12
细度	0.90mm筛的筛余（%），不大于	0.2	0.5	1.5	0.2	0.5	1.5
	0.125mm筛的筛余（%），不大于	7.0	12.0	18.0	7.0	12.0	18.0

表6-4　　　　　　　　　消石灰粉的技术指标

项　　目		钙质消石灰粉			镁质消石灰粉			白云石消石灰粉		
		优等品	一等品	合格品	优等品	一等品	合格品	优等品	一等品	合格品
(CaO+MgO)含量(%)，不小于		70	65	60	65	60	55	65	60	55
游离水（%）		0.4～2	0.4～2	0.4～2	0.4～2	0.4～2	0.4～2	0.4～2	0.4～2	0.4～2
体积安定性		合格	合格	—	合格	合格	—	合格	合格	—
细度	0.90mm筛的筛余(%)，不大于	0	0	0.5	0	0	0.5	0	0	0.5
	0.125mm筛的筛余(%)，不大于	3	10	15	3	10	15	3	10	15

3. 石灰的储运、保存

生石灰块及生石灰粉须在干燥状态下运输和储存，且不宜存放太久。因在存放过程中，生石灰会吸收空气中的水分熟化成消石灰粉，并进一步与空气中的二氧化碳作用生成碳酸钙，从而失去胶结能力。长期存放时应在密闭条件下，且应防潮、防水。

二、石膏

建筑石膏的用途很广，主要用于室内抹灰、粉刷和生产各种石膏板等。

1. 建筑石膏特点

（1）凝结硬化快。建筑石膏加水拌和后，浆体在几分钟后便开始失去塑性，30min内完全失去塑性而产生强度，2h强度可达3～6MPa。由于初凝时间过短，容易造成施工成型困难，一般在使用时需加缓凝剂，延缓初凝时间，但强度会有所降低。

（2）凝结硬化时体积微膨胀。石膏浆体在凝结硬化初期会产生微膨胀，这一性质使石膏制品的表面光滑、细腻，尺寸精确、形体饱满、装饰性好，因而特别适合制作建筑装饰制品。

（3）孔隙率大、体积密度小。建筑石膏在拌和时，为使浆体具有施工要求的可塑性，需加入建筑石膏用量60%～80%的用水量，而建筑石膏的理论需水量为18.6%。大量的自由水在蒸发后，在建筑石膏制品内部形成大量的毛细孔隙；其孔隙率达50%～60%，体积密度为800～1000kg/m³，属于轻质材料。

（4）保温性和吸声性好。建筑石膏制品的孔隙率大，且均为微细的毛细孔，所以导热系数小。大量的毛细孔隙对吸声有一定的作用。

（5）强度较低。建筑石膏的强度较低，但其强度发展速度快，2h强度可达3～6MPa，7d抗压强度为8～12MPa（接近最高强度）。

（6）具有一定的调湿性。由于建筑石膏制品内部的大量毛细孔隙对空气中的水蒸气具有较强的吸附能力，所以对室内的空气湿度有一定的调节作用。

（7）防火性好，但耐火性差。建筑石膏制品的导热系数小，传热慢，且二水石膏受热脱水产生的水蒸气能阻碍火势的蔓延，起到防火作用。但二水石膏脱水后，强度下降，因而不耐火。

（8）耐水性、抗渗性、抗冻性差。建筑石膏制品孔隙率大，且二水石膏可微融于水，遇水后强度大大降低。为了提高建筑石膏及其制品的耐水性，可以在石膏中掺入适当的防水剂，或掺入适量的水泥、粉煤灰、磨细粒化高炉矿渣等。

2. 建筑石膏的水化、凝结与硬化

建筑石膏加水拌和后，首先溶于水，与水发生水化反应，生成二水石膏。这一过程大约需要 7～12min。随着水化的不断进行，生成的二水石膏胶体微粒不断增多，这些微粒较原来的半水石膏更加细小，比表面积很大，吸附着很多的水分；同时浆体中的自由水分由于水化和蒸发而不断减少，浆体的稠度不断增加，胶体微粒间的搭接、黏结逐步增强，颗粒间产生摩擦力和黏结力，浆体逐渐产生黏结。随水化的不断进行，二水石膏胶体微粒凝聚并转变为晶体。晶体颗粒逐渐长大，且晶体颗粒间相互搭接、交错、共生，使浆体完全失去塑性，产生强度。这一过程不断进行，直至浆体完全干燥，强度不再增加。

3. 建筑石膏的技术指标

建筑石膏按技术要求分为优等品、一等品和合格品三个等级，各等级建筑石膏具体要求见表 6-5。

表 6-5　　　　　　　　　　　　建筑石膏的技术指标

指　　　标		优等品	一等品	合格品
细度(孔径0.2mm 筛的筛余量不超过)(%)		5.0	10.0	15.0
抗折强度（烘干至重量恒定后不小于)/MPa		2.5	2.1	1.8
抗压强度（烘干至重量恒定后不小于)/MPa		4.9	3.9	2.9
凝结时间/min	初凝不早于	6		
	终凝不迟于	30		

注：指标中有一项不符合者，应予降级或报废。

4. 石膏的储运、保存

建筑石膏在存储中，需要防雨、防潮，储存期一般不宜超过三个月。一般存储三个月后，强度降低 30% 左右。应分类分等级存储在干燥的仓库内，运输时也要采取防水措施。

第七章

建筑用砂、石及进场检验

一、建筑用砂

普通混凝土用细骨料是指粒径在 0.15～5.00mm 之间的岩石颗粒，称为砂。砂按产源分为天然砂和人工砂两类。天然砂是由自然风化，水流搬运和分选、堆积形成的，包括河砂、湖砂、山砂、淡化海砂四种。人工砂是经除土处理的机制砂（由机械破碎、筛分制成）和混合砂（由机制砂和天然砂混合制成）的统称。混凝土用砂的技术质量要求有以下 5 个方面：

1. 表观密度、堆积密度、空隙率

砂的表观密度、堆积密度、空隙率应符合如下规定：

表观密度 $\rho_0 > 2500\text{kg/m}^3$；松散堆积密度 $\rho_0' > 1350\text{kg/m}^3$；空隙率 $P' < 47\%$。

2. 含泥量、石粉含量和泥块含量

含泥量是指天然砂中粒径小于 $80\mu\text{m}$ 的颗粒含量。石粉含量是指人工砂中粒径小于 $80\mu\text{m}$ 的颗粒含量。泥块含量是指砂中原粒径大于 1.25mm，经水浸洗、手捏后小于 $630\mu\text{m}$ 的颗粒含量。砂中的泥和石粉颗粒极细，会黏附在砂粒表面，阻碍水泥石与砂子的胶结，降低混凝土的强度及耐久性。而砂中的泥块在混凝土中会形成薄弱部分，对混凝土的质量影响更大。因此，对砂中含泥量、石粉含量和泥块含量必须严格限制。天然砂中含泥量、泥块含量见表 7-1，人工砂中石粉含量和泥块含量见表 7-2。

表 7-1 　　　　　　　　天然砂中含泥量和泥块含量

混凝土强度等级	≥C60	C55～C30	≤C25
含泥量（按质量计）（%）	≤2.0	≤3.0	≤5.0
泥块含量（按质量计）（%）	≤0.5	≤1.0	≤2.0

表 7 - 2　　　　　　　　　人工砂中石粉含量和泥块含量

混凝土强度等级			≥C60	C55～C30	≤C25
亚甲蓝试验	MB 值<1.40 或合格	石粉含量（按质量计）(%)	≤5.0	≤7.0	≤10.0
		泥块含量（按质量计）(%)	0	<1.0	<2.0
	MB 值≥1.40 或不合格	石粉含量（按质量计）(%)	≤2.0	≤3.0	≤5.0
		泥块含量（按质量计）(%)	0	<1.0	<2.0

3. 有害物质含量

砂中不应混有草根、树叶、树枝、塑料等杂物，其有害物质主要是云母、轻物质、有机物、硫化物及硫酸盐、氯化物等。云母为表面光滑的小薄片，轻物质指体积密度小于 2000kg/m³ 的物质（如煤屑、炉渣等），它们会黏附在砂粒表面，与水泥浆黏结差，影响砂的强度及耐久性。有机物、硫化物及硫酸盐对水泥石有侵蚀作用，而氯化物会导致混凝土中的钢筋锈蚀。有害物质含量见表 7 - 3。

表 7 - 3　　　　　　　　　砂中有害物质含量

混凝土强度等级	≥C60	C55～C30	≤C25
云母（按质量计）(%)	≤2.0	≤2.0	≤2.0
轻物质（按质量计）(%)	≤1.0	≤1.0	≤1.0
有机物（比色法）	合格	合格	合格
硫化物及硫酸盐（按 SO₃ 质量计）(%)	≤1.0	≤1.0	≤1.0

4. 颗粒级配

颗粒级配是指砂中不同粒径颗粒搭配的比例情况。在砂中，砂粒之间的空隙由水泥浆填充，为达到节约水泥和提高混凝土强度的目的，应尽量降低砂粒之间的空隙。从图 7 - 1 可以看出，采用相同粒径的砂，空隙率最大[图7 - 1(a)]；两种粒径的砂搭配起来，空隙率减小[图7 - 1(b)]；三种粒径的砂搭配，空隙率就更小[图7 - 1(c)]。因此，要减少砂的空隙率，就必须采用大小不同的颗粒搭配，即良好的颗粒级配砂。

　　　　　(a)　　　　　　　　　(b)　　　　　　　　　(c)

图 7 - 1　骨料的颗粒级配

砂的颗粒级配采用筛分析法来测定。用一套孔径为 4.75mm、2.36mm、1.18mm、600μm、300μm、150μm 的标准筛，将抽样后经缩分所得 500g 干砂由粗到细依次过筛，然后称取各筛上的筛余量，并计算出分计筛余百分率 a_1、a_2、a_3、a_4、a_5、a_6（各筛筛余量与试样总量之比）及累计筛余百分率 A_1、A_2、A_3、A_4、A_5、A_6（该号筛的筛余百分率与该号筛以上各筛筛余百分率之和）。分计筛余与累计筛余的关系见表 7-4。

表 7-4　　　　　　　　　分计筛余与累计筛余的关系

筛孔尺寸 /mm	分计筛余 （%）	累计筛余 （%）	筛孔尺寸 /μm	分计筛余 （%）	累计筛余 （%）
4.75	a_1	$A_1 = a_1$	600	a_4	$A_4 = a_1 + a_2 + a_3 + a_4$
2.36	a_2	$A_2 = a_1 + a_2$	300	a_5	$A_5 + a_1 + a_2 + a_3 + a_4 + a_5$
1.18	a_3	$A_3 = a_1 + a_2 + a_3$	150	a_6	$A_6 = a_1 + a_2 + a_3 + a_4 + a_5 + a_6$

砂的颗粒级配用级配区表示，应符合表 7-5 的规定。

表 7-5　　　　　　　　　砂的颗粒级配

累计筛余（%）　　　级配区　　方孔筛径	Ⅰ	Ⅱ	Ⅲ
5.00mm	10～0	10～0	10～0
2.50mm	35～5	25～0	15～0
1.25mm	65～35	50～10	25～0
630μm	85～71	70～41	40～16
315μm	95～80	92～70	85～55
160μm	100～90	100～90	100～90

5. 规格

砂按细度模数 M_x 分为粗、中、细、特细四种规格，其细度模数分别为：

粗砂　　　　　$M_x = 3.7 \sim 3.1$；

中砂　　　　　$M_x = 3.0 \sim 2.3$；

细砂　　　　　$M_x = 2.2 \sim 1.6$；

特细砂　　　　$M_x = 1.5 \sim 0.7$；

细度模数（M_x）是衡量砂粗细程度的指标，按下式计算：

$$M_x = \frac{(A_2 + A_3 + A_4 + A_5 + A_6) - 5A_1}{100 - A_1} \qquad (7-1)$$

式中　A_1、A_2、A_3、A_4、A_5、A_6——分别为 4.75mm、2.36mm、1.18mm、
　　　　　　　　　　　　　　　　$600\mu m$、$300\mu m$、$150\mu m$ 筛的累计筛余
　　　　　　　　　　　　　　　　百分率；

　　　　　　　M_x——砂的细度模数。

细度模数描述的是砂的粗细，即总表面积的大小。在配制混凝土时，在相同用砂量条件下采用细砂则总表面积较大，而采用粗砂则总表面积较小。砂的总表面积越大，则混凝土中需要包裹砂粒表面的水泥浆越多，当混凝土拌和物的和易性要求一定时，显然较粗的砂所需的水泥浆量就比较细的砂要省。但砂过粗，易使混凝土拌和物产生离析、泌水等现象，影响混凝土和易性。因此，用于混凝土的砂不宜过粗，也不宜过细。应当指出，砂的细度模数不能反映砂的级配优劣，细度模数相同的砂，其级配可以很不相同。因此，在配制混凝土时，必须同时考虑砂的颗粒级配和细度模数。

二、建筑用碎石或卵石

粒径大于 4.75mm 的骨料称粗骨料。混凝土常用的粗骨料有卵石与碎石两种。卵石又称砾石，是自然风化、水流搬运和分选、堆积形成的岩石颗粒。按其产源可分为河卵石、海卵石、山卵石等几种，其中以河卵石应用最多。碎石是由天然岩石或卵石经机械破碎、筛分制成的岩石颗粒。为保证混凝土质量，混凝土用卵石与碎石的技术质量要求有以下 6 个方面：

1. 表观密度、堆积密度、空隙率

表观密度、堆积密度、空隙率应符合如下规定：表观密度 $\rho_0 > 2500 \text{kg/m}^3$，松散堆积密度 $\rho_0' > 1350 \text{kg/m}^3$，空隙率 $P' < 47\%$。

2. 含泥量和泥块含量

含泥量是指卵石、碎石中粒径小于 $80\mu m$ 的颗粒含量。泥块含量是指卵石、碎石中原粒径大于 5.00mm，经水浸洗、手捏后小于 2.50mm 的颗粒含量。

卵石、碎石中的泥含量和泥块含量对混凝土的危害与在砂中的相同。按标准要求，卵石、碎石中的泥和泥块含量见表 7-6。

表 7-6　　　　　　　　　　　　　　　卵石、碎石的含泥量和泥块含量

混凝土强度等级	≥C60	C55～C30	≤C25
含泥量（按质量计）（%）	≤0.5	≤1.0	≤2.0
泥块含量（按质量计）（%）	≤0.2	≤0.5	≤0.7

3. 针、片状颗粒含量

针状颗粒是指颗粒长度大于该颗粒所属相应粒级的平均粒径 2.4 倍者，片状颗粒则是指颗粒厚度小于平均粒径 0.4 倍者（平均粒径指该粒级上、下限粒径的平均值）。针、片状颗粒不仅本身容易折断，而且会增加骨料的空隙率，使混凝土拌和物和易性变差，强度降低，其含量限值见表 7-7。

表 7-7　　　　　　　　　　　　　　　卵石、碎石针、片状颗粒含量

混凝土强度等级	≥C60	C55～C30	≤C25
针、片状颗粒（按质量计）（%）	≤8	≤15	≤25

4. 有害物质

卵石和碎石中不应混有草根、树叶、树枝、塑料、煤块和炉渣等杂物。其有害物质含量见表 7-8。

表 7-8　　　　　　　　　　　　　　　卵石、碎石有害物质含量

混凝土强度等级	≥C60	C55～C30	≤C25
有机物	颜色应不深于标准色。当颜色深于标准色时应配制成混凝土进行强度对比试验，抗压强度比应不低于 0.95		
硫化物及硫酸盐（按 SO_3 质量计）（%）	≤1.0	≤1.0	≤1.0

5. 最大粒径（D_{max}）

粗骨料公称粒级的上限称为该粒级的最大粒径。粗骨料最大粒径增大时，骨料总表面积减小，因此，包裹其表面所需的水泥浆量减少，可节约水泥，并且在一定和易性及水泥用量条件下，能减少用水量而提高混凝土强度。所以，在条件许可的情况下，最大粒径尽可能选得大一些。选择石子最大粒径主要从以下三个方面考虑。

（1）从结构上考虑。石子最大粒径应考虑建筑结构的截面尺寸及配筋疏密。根据《混凝土结构工程施工质量验收规范》（GB 50204—2015）的规定，混凝土用的粗骨料，其最大粒径不得超过构件截面最小尺寸的 1/4，且不得超过钢筋最小

净间距的 3/4。对混凝土实心板，骨料的最大粒径不宜超过板厚的 1/3，且不得超过 40mm。

（2）从施工上考虑。对于泵送混凝土，最大粒径与输送管内径之比，一般建筑混凝土用碎石不宜大于 1：3，卵石不宜大于 1：2.5，高层建筑宜控制在（1：3）～（1：4），超高层建筑宜控制在（1：4）～（1：5）。粒径过大，对运输和搅拌都不方便，且容易造成混凝土离析、分层等质量问题。

（3）从经济上考虑。试验表明，最大粒径小于 80mm 时，水泥用量随最大粒径减小而增加；最大粒径大于 150mm 后节约水泥效果却不明显。因此，从经济上考虑，最大粒径不宜超过 150mm。此外，对于高强混凝土，从强度观点看，当使用的最大粒径超过 40mm 后，由于减少用水量获得的强度提高，被大粒径骨料造成的较小黏结面积和不均匀性的不利影响所抵消，所以并无多大好处。综上所述，一般在水利、海港等大型工程中最大粒径通常采用 120mm 或 150mm；在房屋建筑工程中，一般采用 16mm、20mm、31.5mm 或 40mm。

6. 颗粒级配

粗骨料与细骨料一样，也要求有良好的颗粒级配，以减少空隙率，改善混凝土拌和物和易性及提高混凝土强度，特别是配制高强度混凝土，粗骨料级配尤为重要。

粗骨料的级配有连续级配和间断级配两种。连续级配是石子由小到大连续分级（5～D_{max}）。建筑工程中多采用连续级配的石子，如天然卵石。间断级配是指用小颗粒的粒级直接和大颗粒的粒级相配，中间为不连续的级配。如将 5～20mm 和 40～80mm 的两个粒级相配，组成 5～80mm 的级配中缺少 20～40mm 的粒级，这时大颗粒的空隙直接由比它小得多的颗粒去填充，这种级配可以获得更小的空隙率，从而可节约水泥，但混凝土拌和物易产生离析现象，增加了施工难度，故工程中应用较少。单粒级宜用于组合成具有所要求级配的连续粒级，也可与连续粒级配合使用，以改善骨料级配或配成较大粒度的连续粒级。工程中不宜采用单一的单粒粒级配制混凝土。如必须使用，应作经济分析，并应通过试验证明不会发生离析等影响混凝土质量的问题。

三、抽样检验及处置

1. 抽样

（1）砂（石）的取样，应按批进行。购料单位取样，应一列火车、一批货船或一批汽车所运的产地和规格均相同的砂（或石）为一批，但总数不宜超过400m³或600t。

（2）在料堆上取样时，一般也以400m³或600t为一批。

（3）以人工生产或用小型工具（如拖拉机等）运输的砂，以产地和规格均相同的200m³或300t为一批。

（4）在料堆上取样时，取样部位应均匀分布。取样前先将取样部位表层铲除，然后由各部位抽取大致相等的试份共8份，石子为16份，组成各自一组试样。

（5）从皮带运输机上取样时，应在皮带运输机机尾的出料处，用接料器定时抽取砂4份、石8份组成各自一组试样。

（6）从火车、汽车、货船上取样时，应从不同部位和深度抽取大致相等的砂8份，石16份组成各自一组样品。

（7）每组试样的取样数量，对每一单项试验，应不小于最少取样的质量。须作几项试验时，如确能保证试样经一项试验后，不致影响另一项试验的结果，可用同一组试样，进行几项不同的试验。

2. 试样的缩分

将所取每组试样的试份置于平板上，若为砂样，应在潮湿状态下搅拌均匀，并堆成厚度约为2cm的"圆饼"，然后沿互相垂直的两条直径，把"圆饼"分成大致相等的四份，取其对角的两份重新拌匀，再堆成"圆饼"。重复上述过程，直至缩分后的材料质量，略多于进行试验所必须的质量为止。若为石子试样，在自由状态下拌混均匀，并堆成锥体，然后沿相互垂直的两条直径，把锥体分成大致相等的4份。取其对角的两份重新拌匀，再堆成锥体。重复上述过程，直至缩分后材料的质量，略多于进行试验所必须的质量为止。

有条件时，也可以用分料器对试样进行缩分。碎石或卵石的含水率及堆积密度检验，所用的试样不经缩分，拌匀后直接进行试验。

3. 试样的包装

每组试样应采用能避免细料散失及防止污染的容器包装，并附卡片标明试样编号、产地、规格、质量、要求检验项目及取样方法等。

第八章

外加剂、掺和料及混凝土用水检验

一、混凝土外加剂种类及特点

混凝土外加剂是在拌制混凝土过程中掺入，掺量不大于 5%，用以改善混凝土性能的物质。

由于掺入很少的外加剂就能明显地改善混凝土的某种性能，如改善和易性、调节凝结时间、提高强度和耐久性、节省水泥等，因此外加剂深受工程界的欢迎。外加剂在混凝土及砂浆中得到越来越广泛的使用，已成为混凝土的第五组分。

1. 定义、分类

在《混凝土外加剂定义、分类、命名与术语》（GB/T 8075—2005）中，对于水泥混凝土外加剂的定义、分类作出如下规定。混凝土外加剂是一种在混凝土搅拌之前或拌制过程中加入的、用以改善新拌混凝土和（或）硬化混凝土性能的材料。混凝土外加剂按其主要使用功能分为四类：

（1）改善混凝土拌和物流变性能的外加剂，包括各种减水剂和泵送剂等。

（2）调节混凝土凝结时间、硬化性能的外加剂，包括缓凝剂、促凝剂和速凝剂等。

（3）改善混凝土耐久性的外加剂，包括引气剂、防水剂、阻锈剂和矿物外加剂等。

（4）改善混凝土其他性能的外加剂，包括膨胀剂、防冻剂、着色剂等。

以下分别对常用的外加剂作重点介绍。文中各类外加剂的命名，均按《混凝土外加剂定义、分类、命名与术语》（GB/T 8075—2005）的规定采用；所涉每种外加剂的品类和应用技术，可参考《混凝土外加剂应用技术规范》（GB 50119—2013）。

2. 减水剂

在混凝土坍落度基本相同的条件下，能减少拌和用水量的外加剂，称为普通减水剂；能大幅度减少拌和用水量的外加剂，称为高效减水剂。

常用国产减水剂有下列几类：木质素磺酸盐类减水剂、萘系高效减水剂、氨基磺酸盐减水剂、水溶性树脂磺酸盐类高效减水剂等。

为满足不同工程对多功能外加剂的需求，将普通或高效减水剂引入必要的组分，可制成兼有其他功能的产品。此类减水剂发展很快，已经形成国家标准的有：早强减水剂、缓凝减水剂、缓凝高效减水剂、引气减水剂四种。

3. 早强剂

能加速混凝土早期强度发展的外加剂，称为早强剂。可采用的早强剂品种有：强电解质无机盐类，如硫酸盐、硫酸复盐、硝酸盐、亚硝酸盐、氯盐等；水溶性有机化合物类，如三乙醇胺、甲酸盐、乙酸盐、丙酸盐等；其他如有机化合物与无机盐复合物类，以及由早强剂与减水剂复合而成的早强减水剂。

复合早强剂是将几种可早强的组分恰当配伍，是使用较多的早强剂类型，如表 8 - 1 列举的多个品种。其中加入亚硝酸钠的，兼有阻锈和早强的双重作用。

表 8 - 1　　　　　　　　　　　　常用复合早强剂

外加剂组分	常用剂量（以水泥的质量计）（%）
三乙醇胺＋氯化钠	（0.03～0.05）＋0.5
三乙醇胺＋氯化钠＋亚硝酸钠	0.05＋（0.3～0.5）＋（1～2）
硫酸钠＋亚硝酸钠＋氯化钠＋氯化钙	（1～1.5）＋（1～3）＋（0.3～0.5）＋（0.3～0.5）
硫酸钠＋氯化钠	（0.5～1.5）＋（0.3～0.5）
硫酸钠＋亚硝酸钠	（0.5～1.5）＋1.0
硫酸钠＋三乙醇胺	（0.5～1.5）＋0.05
硫酸钠＋二水石膏＋三乙醇胺	（1～1.5）＋2＋0.05
亚硝酸钠＋二水石膏＋三乙醇胺	1.0＋2＋0.05

4. 防冻剂

防冻剂是能使混凝土在负温下硬化，并在规定养护条件下达到预期性能的外加剂。防冻剂加入冬期施工的混凝土拌和物中，其防冻组分能降低液相冰点，即降低混凝土受冻的临界温度，又能改变一旦结冰时冰的晶形，使被析出的冰不致对混凝土显著损害。

按防冻剂的防冻组分不同，可划归以下四类：强电解质无机盐类防冻剂、有机化合物与无机盐复合类防冻剂、复合型防冻剂、水溶性有机化合物类防冻剂等。

在较长的时间里，防冻剂的组分一直以无机盐类为主，由于它们存在的不同缺憾，使应用受到种种局限，甚至因为疏忽而造成事故。为此，研发非氯、非碱、无害、低掺量的防冻剂，正朝着向有机化合物方面发展。例如以某些醇类等为防冻组分的有机物类防冻剂，已投入使用。

5. 引气剂

在混凝土搅拌过程中，能引入大量均匀分布、稳定而封闭的微小气泡，且能保留在硬化混凝土中的外加剂，称作引气剂。

混凝土中可采用的引气剂有松香树脂类，如松香热聚物、松香皂类等；烷基和烷基芳烃磺酸盐类，如十二烷基磺酸盐、烷基苯磺酸盐、烷基苯酚聚氧乙烯醚等；脂肪醇磺酸盐类，如脂肪醇聚氧乙烯醚、脂肪醇聚氧乙烯磺酸钠、脂肪醇硫酸钠等；皂甙类，如三萜皂甙等；其他如蛋白质盐、石油磺酸钠等。混凝土工程中，可采用由引气剂与减水剂复合而成的引气减水剂。

当引气剂加入拌和的混凝土后，因其表面活性和搅拌作用，形成大量微小气泡。由于气泡的存在，在拌和时，使流动性增大，可塑性提高，显著改善了和易性。在硬后的混凝土中，由于气泡的存在，对硬结过程中自由水蒸发时的路径起到阻隔作用，混凝土的抗渗等级可以提高一倍左右。大量微细、密闭的气泡，还能在混凝土受到冷热、干湿、冻融交替作用时，对所导致的体积变化及内部应力变化，有所缓冲，因而使混凝土的抗冻性、耐久性显著提高。

6. 缓凝剂

缓凝剂是指延长混凝土凝结时间的外加剂。混凝土工程中，可采用下列缓凝剂、缓凝减水剂：

（1）糖类：如糖钙、葡萄糖酸盐等。

（2）木质素磺酸盐类：如木质素磺酸钙、木质素磺酸钠等。

（3）羟基羧酸及其盐类：如柠檬酸、酒石酸钾钠等。

（4）无机盐类：如锌盐、磷酸盐等。

（5）其他：如铵盐及其衍生物、纤维素醚等。

混凝土工程中可采用由缓凝剂与高效减水剂复合而成的缓凝高效减水剂。

7. 膨胀剂

在混凝土硬化过程中，因化学作用能使混凝土产生一定体积膨胀的外加剂，称为膨胀剂。常用的膨胀剂有硫铝酸钙类、氧化钙类和硫铝酸钙—氧化钙类。

硫铝酸钙粗膨胀剂的主要成分是无水硫酸钙、明矾石、石膏等，加入混凝土拌和物后，靠自身水化或参与水泥矿物的水化，以及与水泥水化物反应等，生成三硫型水化硫铝酸钙（钙矾石），致使固相体积增加。而氧化钙类膨胀剂的主要组分，是用规定温度下煅烧的石灰，当由氧化钙晶体水化形成氢氧化钙晶体后发生的体胀。硫铝酸钙－氧化钙类膨胀剂，则是由名称中的两种主要成分复合，其膨胀源兼由钙矾石和氢氧化钙晶体生成。

二、混凝土外加剂取样与检验

《混凝土外加剂》（GB 8076—2008）标准规定了用于水泥混凝土中的八类外加剂：高性能减水剂（早强型、标准型、缓凝型）、高效减水剂（标准型、缓凝型）、普通减水剂（早强型、标准型、缓凝型）、引气减水剂、泵送剂、早强剂、缓凝剂及引气剂。

1. 取样规则

生产厂应根据产量和生产设备条件，将产品分批编号，掺量大于1％（含1％）同品种的外加剂每一编号为100t；掺量小于1％的外加剂每一编号为50t；不足100t或50t的也可按一个批量计，同一编号的产品必须是混合均匀的。

每一批号取样量不少于0.2t水泥所需用的外加剂量。

每一编号取得的试样应充分混匀，分为两等份。一份按《混凝土外加剂》（GB 8076—2008）标准规定方法与项目进行试验；另一份要密封保存半年，以备有疑问时交国家指定的检验机构进行复验或仲裁。如生产和使用单位同意，复验和仲裁也可现场取样。

2. 混凝土外加剂的复验

复验以封存样进行。如使用单位要求现场取样，应事先在供货合同中规定，并在生产和使用单位人员在场的情况下于现场取混合样，复验按照型式检验项目检验。

三、掺和料

掺和料是指用量多、影响混凝土配合比设计的材料，一般掺量为水泥质量的5％以上。掺和料分为活性掺和料和非活性掺和料。

1. 活性掺和料

活性掺和料是指含活性的二氧化硅和三氧化二铝的掺和料，它参与水泥的水化反应。

（1）作用。利用活性掺和料的特性，改善混凝土的性能，如提高混凝土的塑性、调节混凝土的强度、可使高强度等级水泥配制低等级混凝土（如掺粉煤灰）；或提高混凝土强度、配制高等级混凝土（如掺硅灰）、节约水泥等。

（2）种类。

1）粒化高炉矿渣。为高炉冶炼铸铁时所得的以硅酸钙和硅酸铝为主要成分的熔融物，经淬冷而成的多孔性粒状物质。

2）粉煤灰。从燃烧煤粉的烟道收集的灰色粉末。

3）火山灰质材料。以氧化硅、氧化铝为主要成分的矿物质或人造物质；天然的有火山灰、凝灰岩、浮石、沸石岩等。人工的有经煅烧的烧页岩、烧黏土、煤灰渣等。

4）硅灰（又称硅粉）。是生产硅铁或硅钢时产生的烟尘，主要成分为二氧化硅。

（3）适用范围。掺和料的适用范围见表8-2。

表8-2   掺和料的适用范围

工　程　项　目	适用的掺和料
大体积混凝土工程	火山灰质材料、粉煤灰
抗渗工程	火山灰质材料
抗软水、硫酸盐介质腐蚀的工程	粒化高炉渣、火山灰质材料、粉煤灰
经常处于高温环境的工程	粒化高炉矿渣
高强混凝土	硅灰

（4）粉煤灰。

1）粉煤灰的技术条件，见表8-3。

2）粉煤灰在混凝土中的作用。

①强度等级。影响水泥强度的因素很多，除水泥的活性外，主要与粉煤灰的质量及掺量有关，其中又以粉煤灰的细度最为重要。经过试验得出的结论是：掺粉煤灰的混凝土早期强度低，后期强度高；当掺入30%不同细度的粉煤灰时，其细度越细，标准稠度需水量越少，强度等级越高。

表 8-3　　　　　　　　　　　　　　粉煤灰的技术条件

序号	项　目	级别、指标（%）≤		
		Ⅰ	Ⅱ	Ⅲ
1	细度（0.08mm 筛孔、筛余）	5	8	25
2	烧失量	5	8	15
3	需水比	95	105	115
4	二氧化硅	3	3	3
5	含水率	1	1	1

注：1. 烧失量：粉煤灰中未燃烧的煤粉的量；

　　2. 需水比：掺 30% 粉煤灰的硅酸盐水泥胶砂与硅酸盐水泥胶砂需水量之比。

②和易性好。掺粉煤灰的混凝土，和易性比普通混凝土好，具有较大的坍落度和良好的工作性能。

③抗渗性好。掺入粉煤灰后，混凝土在硬化过程中，能生成难溶于水的水化硅酸钙和水化铝酸钙。因此，掺入适量合格粉煤灰的混凝土具有较好的抗渗性能。

④耐久性能好。掺入粉煤灰的混凝土，由于水泥水化生成的氢氧化钙为不溶性化合物，因而增大了抗硫酸盐侵蚀的能力。

⑤水化热低。由于用粉煤灰置换了一部分的水泥，混凝土在硬化过程中产生水化热的速度将得以缓和，单位时间内的发热量减少了。

3）使用粉煤灰混凝土的注意事项。

①掺粉煤灰的混凝土必须进行试配，不可随意套用配合比，粉煤灰的掺入量为水泥量的 15%～25%。

②粉煤灰与水泥密度相差悬殊，所以应用强制式搅拌机进行搅拌，并延长搅拌时间。

③掺粉煤灰的混凝土早期强度低，后期强度高，抗碳化能力差，因此需适当降低水灰比，可掺减水剂、早强剂，以提高混凝土的密实度和早期强度。

④将构件多放一些时间，使粉煤灰的活性充分发挥，以利提高构件的强度。

⑤由于掺粉煤灰的混凝土后期强度将提高，构件如能在厂里存放较长的时间，如存放 6 个月，粉煤灰的活性得到充分发挥，检验强度增加 20%，那么就可在设计混凝土配合比时适当降低混凝土的等级，使之硬化 6 个月后的强度与设计等级相等，以节省水泥。

⑥因掺粉煤灰的混凝土泌水性较大，所以初期必须加强养护，防止产生表面

裂缝，影响构件的强度；也可用适当的温度蒸养。

⑦因在低温下强度增长缓慢，所以冬季施工不宜采用。

2. 非活性材料

常用作填充性混合材料，主要作用是调节水泥强度等级和混凝土的流动性，或节约水泥，且不改变水泥的主要性质。

通常采用石英砂、石灰岩等不显著提高需水性的材料磨细而成。使用时应检验硫酸和硫化物含量，折算成三氧化硫不得超过 3%。

混凝土等级高于 C30 时，不宜掺用混合材料，使用时可将混合材料与水泥同时加入搅拌，并延长搅拌时间 60s。

3. 掺和料进场检验

（1）产品质量合格证。检查内容包括：厂别、品种、出厂日期、主要性能及成分、适用范围及适宜掺量、适用方法及注意事项等应清晰、准确、完整。

（2）混凝土掺和料试验报告。

1）试验报告应由相应资质等级的建筑企业试验室签发。

2）检查报告单上各项目是否齐全、准确、真实、无未了项，试验室签字盖章是否齐全；检查试验编号是否填写；试验数据是否达到规范规定标准值。若发现问题应及时取双倍试样做复试，并将复试合格单或处理结论附于此单后一并存档，同时核查试验结论。

3）核对使用日期，与混凝土（砂浆）试配单比较是否合理，不允许先使用后试验。

4）核对各试验报告单批量总和是否与单位工程总需求量相符。

5）检查混凝土（砂浆）试配单的掺和料与混凝土（砂浆）强度试验报告的掺和料名称、种类、产地和使用说明是否一致。

四、建筑施工用水

混凝土拌和和养护用水按水源不同分为饮用水、地表水、地下水、再生水（污水经适当再生工艺处理后具有使用功能的水，又称中水）、混凝土企业设备洗刷水和海水。

（1）地表水、地下水、再生水的放射性应符合现行国家标准《生活饮用水卫生标准》(GB 5749—2006)的规定。

（2）非饮用水拌和混凝土时，其水样应与饮用水样进行水泥凝结时间、水泥胶砂强度对比试验。对比试验结果应符合《混凝土用水标准》(JGJ 63—2006)的规定。

（3）混凝土拌和用水不应有漂浮明显的油脂和泡沫，不应有明显的颜色和异味。

（4）混凝土企业设备洗刷水不宜用于预应力混凝土、装饰混凝土、加气混凝土和暴露于腐蚀环境的混凝土；不得用于使用碱活性或潜在碱活性集料的混凝土。

（5）未经处理的海水严禁用于钢筋混凝土和预应力混凝土。在无法获得水源的情况下，海水可用于素混凝土，但不宜用于装饰混凝土。

（6）混凝土养护用水可不检验不溶物、可溶物、水泥凝结时间和水泥胶砂强度。

（7）混凝土拌和用水所含物质对混凝土、钢筋混凝土及预应力混凝土不应产生下列有害影响：

1）影响混凝土的和易性及凝结。

2）有损于混凝土的强度增长。

3）降低混凝土耐久性，加快钢筋腐蚀及导致预应力钢筋脆断。

4）污染混凝土表面。

第九章

混凝土性能及进场检验

一、普通混凝土

1. 混凝土的分类

混凝土品种繁多，其分类方法也各不相同。常见的分类有以下几种。

（1）按体积密度分为重混凝土（$\rho_0 > 2600 \text{kg/m}^3$）、普通混凝土（$\rho_0$ 介于 $2000 \sim 2500 \text{kg/m}^3$，一般在 2400kg/m^3 左右）、轻混凝土（$\rho_0 < 1900 \text{kg/m}^3$）。

（2）按所用胶凝材料分为无机胶结材料混凝土、有机胶结材料混凝土、有机无机复合胶结材料混凝土。

（3）按用途分为结构混凝土、装饰混凝土、水工混凝土、道路混凝土、耐热混凝土、耐酸混凝土、大体积混凝土、防辐射混凝土、膨胀混凝土等。

（4）按生产和施工工艺分现场搅拌混凝土、预拌混凝土（商品混凝土）、泵送混凝土、喷射混凝土、碾压混凝土、挤压混凝土、离心混凝土、灌浆混凝土等。

此外，混凝土还可按其抗压强度（f_{cu}）分为低强混凝土（$f_{cu} < 30 \text{MPa}$）、中强混凝土（f_{cu} 介于 $30 \sim 55 \text{MPa}$ 之间）、高强混凝土（$f_{cu} \geqslant 60 \text{MPa}$）、超高强混凝土（$f_{cu} \geqslant 100 \text{MPa}$）；按其配筋方式又可分为素混凝土（无筋混凝土）、钢筋混凝土、钢丝网混凝土、纤维混凝土、预应力混凝土等。

2. 混凝土拌和物性质

混凝土的各组成材料，按一定比例经搅拌后尚未硬化的材料，称为混凝土拌和物（或称新拌混凝土）。拌和物的性质，将会直接影响硬化后混凝土的质量。混凝土拌和物的性质好坏，可通过和易性指标来衡量。

（1）和易性。和易性是指混凝土拌和物，保持其组成成分均匀、适合于施工操作并能获得质量均匀密实的混凝土的性能，也称工作性。和易性是一项综合性技术指标，主要包括流动性、黏聚性和保水性三个方面。

1）流动性。流动性（即稠度），是指混凝土拌和物的稀稠程度。流动性的大小，主要取决于混凝土的用水量及各材料之间的用量比例。流动性好的拌和物，施工操作方便，易于浇捣成型。

2）黏聚性。黏聚性是指混凝土各组分之间具有一定的黏聚力，并保持整体均匀混合的性质。拌和物的均匀性一旦受到破坏，就会产生各组分的层状分离或析出，称为分层、离析现象。分层、离析将使混凝土硬化后，产生"蜂窝"、"麻面"等缺陷，影响混凝土的强度和耐久性。

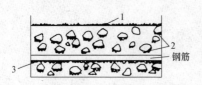

图9-1　混凝土中泌水的不同形式

1—泌水聚集于混凝土表面；

2—泌水聚集于骨料下表面；

3—泌水聚集于钢筋下面

3）保水性。保水性是指混凝土拌和物保持水分不易析出的能力。若保水性差的拌和物，在运输、浇捣中，易产生泌水并聚集到混凝土表面，引起表面疏松；或聚集在骨料、钢筋下面，水分蒸发形成孔隙，削弱骨料或钢筋与水泥石的黏结力，影响混凝土的质量，如图9-1所示。拌和物的泌水尤其是对大流动性的泵送混凝土更为重要，在混凝土的施工过程中泌水过多，会使混凝土丧失流动性，从而严重影响混凝土可泵性和工作性，会给工程质量造成严重后果。

（2）和易性的评定。通常采用测定混凝土拌和物流动性、辅以直观评定黏聚性和保水性方法，来评定和易性。

1）按坍落度分级。混凝土拌和物按其坍落度分级及允许偏差的大小可分为四级，见表9-1。

表9-1　　　　　　　混凝土按坍落度分级及允许偏差

级别	名　称	坍落度/mm	允许偏差/mm
T1	低塑性混凝土	10～40	±10
T2	塑性混凝土	50～90	±20
T3	流动性混凝土	100～150	±30
T4	大流动性混凝土	>160	±30

坍落度适用于测定塑性和流动性混凝土拌和物；坍落度值小，说明混凝土拌和物的流动性小。若流动性过小，会给施工带来不便，影响工程质量，甚至造成工程质量事故。坍落度过大，其用水量过多，又会使混凝土强度降低，耐久性变

差；在保持拌和物水灰比不变的情况下，用水量过多，水泥用量相应增多，从而造成水泥浪费。因此，混凝土拌和物的坍落度值应在一个适宜范围内，可根据结构种类、钢筋的疏密程度及振捣方法，按表 9-2 合理选用。

表 9-2　　　　　　　　　　　　混凝土浇捣时的坍落度

序号	结　构　种　类	坍落度值/mm
1	基础或地面等的垫层、无配筋的厚大结构（挡土墙、基础或厚大的块体等）或配筋稀疏的结构	10~30
2	板、梁和大型及重型截面的柱	30~50
3	配筋较密的结构（薄壁、斗仓、筒仓、细柱等）	50~70
4	配筋特密的结构	70~90

注：1. 本表系采用机械振捣的坍落度，采用人工捣实时可适当增大。

　　2. 需要制备大坍落度混凝土时，应掺用外加剂。

　　3. 曲面或斜面结构的混凝土，其坍落度值应根据实际需要另行选定。

　　4. 轻骨料混凝土的坍落度，宜比表中数值减少 10~20mm。

2）按维勃稠度分级。混凝土拌和物根据其维勃稠度及允许偏差的大小，可分为四级，见表 9-3。维勃稠度适用于测定坍落度小于 10mm 的混凝土拌和物的流动性。维勃稠度值越大，说明混凝土拌和物越干硬。

表 9-3　　　　　　　　　混凝土按维勃稠度分级及允许偏差

级别	名　　　称	维勃稠度/s	允许偏差/mm
V0	超干硬性混凝土	>31	±6
V1	特干硬性混凝土	30~21	±6
V2	干硬性混凝土	20~11	±4
V3	半干硬性混凝土	10~5	±3

干硬性混凝土与塑性混凝土不同之处，在于干硬性混凝土的用水量少、流动性小；水泥用量相同时，强度较塑性混凝土高。两种混凝土的结构如图 9-2 所示。

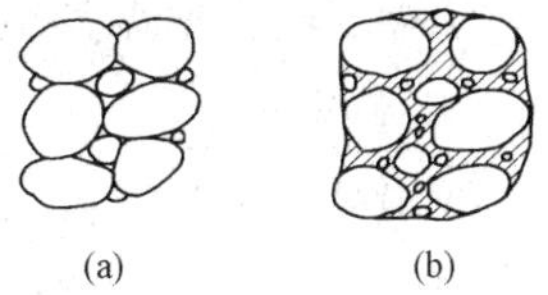

（3）影响和易性的主要因素

1）水泥浆含量。在混凝土拌和物中，骨料本身因颗粒间相互摩擦是干涩而无流动性的，拌和物的流动性或可塑性主要取决于水泥浆。混凝土中水泥浆的含量越多（骨料相对

（a）　　　　　　（b）

图 9-2　塑性及干硬性混凝土结构示意图

（a）干硬性混凝土；（b）塑性混凝土

越少），拌和物的流动性就越大。

2）水灰比。水灰比（W/C）是指水的质量与水泥质量之比。当水灰比一定时，增加水泥浆含量，混凝土拌和物的流动性就会增大。若水泥浆本身因用水量少，水灰比小，而流动性小，则混凝土拌和物的流动性也随之降低。若水灰比过大，水泥浆产生泌水，混凝土强度将会随之降低。

3）砂率。砂率是指砂质量占砂石总质量的百分数。砂率对拌和物的和易性影响较大。当骨料总量一定时，砂率过小，则砂量不足，而混凝土拌和物流动性大时，易于离析；在水泥浆用量一定的条件下，砂率过大，砂的总表面积增大，包裹砂子的水泥浆层太薄，砂粒间的摩擦阻力加大，混凝土拌和物的流动性势必会降低。因此，需通过试验确定合理砂率。合理砂率即在用水量和水泥用量一定的情况下，能使混凝土拌和物获得最大流动性，且能保持黏聚性及保水性良好的砂率值；或者是能使混凝土拌和物获得所要求的流动性及良好的黏聚性与保水性，而水泥用量为最少的砂率值（图9-3）。

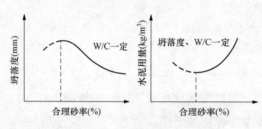

图9-3 合理砂率的确定

4）温度。混凝土拌和物的流动性，随着温度升高而减小。温度提高10℃，坍落度大约减少20～40mm。夏季施工时应考虑温度影响，为使拌和物在高温下具有给定的流动性，在保证水灰比一定的条件下，应适当增加需水量。

二、预拌混凝土

预拌混凝土根据其组成和性能要求分为通用品和特制品两类。

1. 通用品

通用品是指强度等级不大于C50、坍落度不大于180mm、粗骨料最大公称粒径为20mm、25mm、31.5mm、40mm，无其他特殊要求的预拌混凝土。根据其定义，通用品应在下列范围内规定混凝土强度等级、坍落度及粗骨料最大公称粒径。

强度等级：不大于C50。

坍落度（mm）：25、50、80、100、120、150、180。

粗骨料最大公称粒径（mm）：20、25、31.5、40。

2. 特制品

特制品是指任一项指标超出通用品规定范围或有特殊要求的预拌混凝土。根据其定义特制品应规定混凝土强度等级、坍落度、粗骨料最大公称粒径或其他特殊要求。混凝土强度等级、坍落和粗骨料最大公称粒径除通用品规定的范围外，还可在下列范围内选取。

强度等级：C55、C60、C65、C70、C75、C80。

坍落度：大于180mm。

粗骨料最大公称粒径：小于20mm、大于40mm。

三、防水混凝土

1. 普通防水混凝土

普通防水混凝土是以调整配合比的方法来提高自身密实性和抗渗性的一种混凝土。它是通过采用较小的水灰比（供试配用最大水灰比应符合表9-4的规定），以减少毛细孔的数量和孔径；适当提高胶凝材料用量（不少于320kg/m³）、砂率（35%～40%）和灰砂比[(1:2)～(1:2.5)]，在粗骨料周围形成品质良好的和足够数量的砂浆包裹层，使粗骨料彼此隔离，以隔断沿粗骨料与砂浆界面的互相连通的渗水孔网；采用较小的骨料粒径（不大于40mm），以减小沉降孔隙；保证搅拌、浇筑、振捣和养护的施工质量，以防止和减少施工孔隙，达到防水目的。

表9-4 　　　　　　　　防水（抗渗）混凝土最大水灰比

抗渗等级	最大水灰比	
	C20～C30 混凝土	C30 以上混凝土
P6	0.60	0.55
P8～P12	0.55	0.50
>P12	0.50	0.45

由于普通防水混凝土的配制工艺简单，成本低廉，质量可靠，抗渗压力一般可达0.6～2.5MPa，故已广泛应用于地上、地下防水工程。

2. 外加剂防水混凝土

外加剂防水混凝土是通过掺加适当品种和数量的外加剂，隔断或堵塞混凝土中各种孔隙、裂缝和渗水通道，以改善混凝土内部结构，提高其抗渗性能。这种方法对原材料没有特殊要求，也不需要增加水泥用量，比较经济，效果良好，因而使用很广泛。

3. 特种水泥防水混凝土

采用膨胀水泥、收缩补偿水泥、硫铝酸盐水泥等特种水泥来配制防水混凝土其原理是依靠早期形成的大量钙矾石、氢氧化钙等晶体和大量凝胶，填充孔隙空间，形成致密结构，并改善混凝土的收缩变形性能，从而提高混凝土的抗裂和抗渗性能。

由于特种水泥生产量小、价格高，目前直接采用特种水泥配制防水混凝土的方法尚不普遍。施工现场常采用普通水泥加膨胀剂（如 UEA）的方法来制备防水混凝土。掺膨胀剂的混凝土需适当延长搅拌时间，并加强混凝土 14d 内的湿养护。

防水（抗渗）混凝土的配合比设计应按《普通混凝土配合比设计规程》(JGJ 55—2011)中抗渗混凝土的配合比设计规定进行。

四、高强混凝土

高强混凝土的界定，因时代、地域等不同而异。我国将高强混凝土界定为大于等于 C60，这与世界上用 $\phi 150mm \times 300mm$ 的圆柱体试件测评，把具有特征强度高于 50MPa 的混凝土定义为高强混凝土持平。高强混凝土的配合比与普通混凝土相比，有以下主要特点。

1. 水胶比低

水胶比是指混凝土的用水量与胶凝材料总用量的质量比；其中胶凝材料总用量，是指水泥用量与所加矿物掺和料用量之和。在一般情况下，高强混凝土的水胶比在 $0.25 \sim 0.40$，是按经验选用后通过试配确定。《普通混凝土配合比设计规程》(JGJ 55—2011)中的水灰比公式，已不适合高强混凝土。

2. 胶凝材料的用量大

高强混凝土的水泥用量一般为 $340 \sim 450kg/m^3$，而矿物掺和料的用量，因品种和加入意图不同会有很大差异，若按加入上述水泥用量的 15% 估计，已达到 $50 \sim 70kg/m^3$。为避免胶凝材料用量过大带来负面影响，高强混凝土的水泥用量不应大于 $550kg/m^3$；胶凝材料的用量不应大于 $600kg/m^3$。

3. 用水量低

为防止高强混凝土的胶凝材料过量，多采用尽可能低的用水量，一般在

$120\sim160kg/m^3$。应根据混凝土对流动性要求、原材料品种和配制强度等不同，通过试配确定低用水量。

4. 要适度加大砂率

高强混凝土的胶凝材料用量大，砂率应相对加大，但过大时会降低混凝土的强度及弹性模量，以及加大干缩等。在一般情况下，高强混凝土的砂率在36%～41%；应根据确定砂率的诸多要素选取，通过对比试验得出最佳值。

五、轻混凝土

轻混凝土是指体积密度小于 $1900kg/m^3$ 的混凝土。可分为轻骨料混凝土、多孔混凝土和无砂大孔混凝土三类。

1. 轻骨料混凝土

《轻骨料混凝土技术规程》(JGJ 51—2002)中规定，用轻粗骨料、轻砂（或普通砂）、水泥和水配制而成的干表观密度不大于 $1900kg/m^3$ 的混凝土，称为轻骨料混凝土。

轻骨料混凝土按细骨料不同，又分为全轻混凝土（粗、细骨料均为轻骨料）和砂轻混凝土（细骨料全部或部分为普通砂）。

轻骨料可分为轻粗骨料和轻细骨料。凡粒径大于 5mm，堆积密度小于 $1000kg/m^3$ 的轻质骨料，称为轻粗骨料；凡粒径小于 5mm，堆积密度小于 $1200kg/m^3$ 的轻质骨料，称为轻细骨料（或轻砂）。

2. 多孔混凝土

多孔混凝土是一种不用骨料，其内部充满大量细小封闭气孔的混凝土。多孔混凝土具有孔隙率大、体积密度小、导热系数低等特点，是一种轻质材料，兼有结构及保温隔热等功能，易于施工；可钉、可锯，可制成砌块、墙板、屋面板及保温制品，广泛应用于工业与民用建筑工程中。

根据气孔产生的方法不同，多孔混凝土有加气混凝土和泡沫混凝土两种，由于加气混凝土生产较稳定，因此加气混凝土生产和应用发展更为迅速。

加气混凝土是用含钙材料（水泥、石灰）、含硅材料（石英砂、粉煤灰、尾矿粉、粒化高炉矿渣等）和发气剂（铝粉等）等原料，经磨细、配料、搅拌、浇筑、发气、静停、切割、压蒸养护等工序生产而成。铝粉在料浆中与 $Ca(OH)_2$ 发生化学反应，放出 H_2 形成气泡使料浆中形成多孔结构。料浆在高压蒸汽养护下，含钙材料与含硅材料发生反应，生成水化硅酸钙，使坯体具有强度。

六、混凝土质量检验

1. 混凝土拌和物质量要求

（1）抗压强度。混凝土的抗压强度是一个重要的技术指标，根据国家标准《混凝土强度检验评定标准》（GB 50107—2010）的规定，混凝土强度等级应按抗压强度标准值确定。立方体抗压强度标准值系指按照标准方法制作和养护的边长为150mm 的立方体试件，在 28d 龄期，用标准试验方法测得的，具有大于 95％保证率的抗压强度。

由于混凝土是一种非均质材料，具有较大的不均匀性和强度的离散性，为了配制满足设计要求的混凝土强度等级，其配制强度应比设计强度增加一定的富裕量。这一富裕量的大小应根据原材料情况、生产控制水平、施工管理水平以及经济性等一系列情况综合考虑。

（2）抗折强度。混凝土抗折强度同样也是一个重要的技术标准。在道路混凝土工程中，常以混凝土 28d 的抗折强度作为控制指标。混凝土的抗折强度与抗压强度之间存在一定的相关性，但并不是成线性关系，通常情况下抗压强度增长的同时抗折强度亦增长，但抗折强度增长速度较慢。

影响混凝土抗压强度的因素同样影响混凝土抗折强度，其中粗骨料类型对抗折强度有十分显著的影响。碎石表面粗糙，对提高抗折强度有利，而卵石表面光滑不利于表面粘结，对抗折强度不利。合理的粗骨料及细骨料的级配，对提高抗折强度有利。粗骨料最大粒径适中、针片状含量小的混凝土抗折强度较高。粗、细骨料表面含泥量偏高将严重影响抗折强度。另外，养护条件对混凝土抗折强度的影响比抗压强度更为敏感。

（3）坍落度。为能满足施工要求，混凝土应具有一定的和易性（流动性、黏聚性和保水性）。如是泵送混凝土，还必须具有良好的可泵性，要求混凝土具有摩擦阻力小、不离析、不阻塞、黏聚适宜、能顺利泵送。水泥及掺和料、外加剂的品种、骨料级配、形状、粒径，以及配合比是影响可泵性的主要因素。混凝土坍落度实测值与合同规定坍落度值之差应符合表 9-5 规定。

（4）含气量。混凝土含气量与合同规定值之差不应超过±1.5％。

（5）氯离子总含量限值。氯离子总含量限值见表 9-6。

表 9-5　　　　　　　　　　坍落度允许偏差

规定的坍落度/mm	允许偏差/mm	规定的坍落度/mm	允许偏差/mm
≤40	±10	≥100	±30
50~90	±20		

表 9-6　　　　　　　　　　氯离子总含量的最高限值

混凝土类型及其所处环境类别	最大氯离子含量（%）
素混凝土	2.0
室内正常环境下的钢筋混凝土	1.0
室内潮湿环境；非严寒和非寒冷地区的露天环境、与无侵蚀的水或土壤直接接触的环境下的钢筋混凝土	0.3
严寒和寒冷地区的露天环境、与无侵蚀的水或土壤直接接触的环境下的钢筋混凝土	0.2
使用除冰盐的环境；严寒和寒冷地区冬季水位变动的环境；滨海室外环境下的钢筋混凝土	0.1
预应力混凝土构件及设计使用年限为 100 年的室内正常环境下的钢筋混凝土	0.06

注：氯离子含量系指其占水泥（含替代水泥量的矿物掺和料）重量的百分比。

（6）放射性核素放射性比活度。混凝土放射性核素放射性比活度应满足《建筑材料放射性核素限量》(GB 6566—2010)标准的规定。

（7）其他。当需方对混凝土其他性能有要求时，应按国家现行有关标准规定进行试验，无相应标准要求时应按合同规定进行试验，其结果应符合标准及合同要求。

2. 检验规则

（1）一般规则。

1）预拌混凝土的检验分为出厂检验和交货检验。出厂检验的取样试验工作应由供方承担，交货检验的取样试验工作应由需方承担，当需方不具备试验条件时，供需双方可协商确定承担单位，其中包括委托供需双方认可的有试验资质的试验单位，并在合同中予以明确。

2）当判断混凝土质量是否符合要求时，强度、坍落度及含气量应以交货检验结果为依据；氯离子总含量以供方提供的资料为依据；其他检验项目应按合同规定执行。

3）交货检验的试验结果应在试验结束后15d内通知供方。

4）进行预拌混凝土取样及试验的人员必须具有相应资格。

（2）检验项目。

1）常规检验应检验混凝土强度和坍落度。

2）如有特殊要求除检验混凝土强度和坍落度外，还应按合同规定检验混凝土的其他项目。

3）掺有引气型外加剂的混凝土应检验其含气量。

（3）取样与组批。

1）用于出厂检验的混凝土试样应在搅拌地点采取，用于交货检验的混凝土试样应在交货地点采取。

2）交货检验的混凝土试样的采取及坍落度试验应在混凝土运到交货地点时开始算起20min内完成，试样的制作应在40min内完成。

3）交货检验的混凝土的试样应随机从同一运输车中抽取，混凝土试样应在卸料过程中卸料量的1/4至3/4之间采取。

4）每个试样量应满足混凝土质量检验项目所需用量的1.5倍，且不宜少于0.02m³。

5）凝土强度检验的试样，其取样频率应按下列规定进行。

①用于出厂检验的试样，每100盘相同配合比的混凝土取样不得少于1次；每一个工作班组，相同配合比的混凝土不足100盘时，取样不得少于1次。

②用于交货检验的试样应按如下规定进行。

a. 每拌制100盘且不超过100m³的同配合比的混凝土取样不得少于1次。

b. 每工作班拌制的同一配合比的混凝土不足100盘时，取样不得少于1次。

c. 当连续浇筑超过1000m³时，同一配合比的混凝土每200m³取样不得少于1次。

d. 每一楼层、同一配合比的混凝土，取样不得少于1次。

e. 每次取样应至少留置1组标准养护试件，同条件养护试件的留置组数应根据实际需要确定。

6）混凝土拌和物坍落度检验试样的取样频率应与混凝土强度检验的取样频率一致。

7）对有抗渗要求的混凝土进行抗渗检验的试样，用于出厂和交货检验的取样频率均应为同一工程、同一配合比的混凝土不得少于1次。留置组数可根据实际需要确定。

8）对有抗冻要求的混凝土进行抗冻检验的试样，用于出厂和交货检验的取样频率，均应为同一工程、同一配合比的混凝土不得少于 1 次。留置组数可根据实际需要确定。

（4）合格判断。

1）强度的试样结果应满足《混凝土强度检验评定标准》(GB 50107—2010)的规定。

2）坍落度应满足表 9-7 的要求。

表 9-7 普通轻粗骨料筒压强度 （单位：MPa）

轻粗骨料品种	密度等级	筒压强度		
		优等品	一等品	合格品
黏土陶粒 页岩陶粒 粉煤灰陶粒	600	3.0	2.0	
	700	4.0	3.0	
	800	5.0	4.0	
	900	6.0	5.0	
浮石 火山灰 煤渣	600	—	1.0	0.8
	700	—	1.2	1.0
	800	—	1.5	1.2
	900	—	1.8	1.5
自燃煤矸石 膨胀矿渣珠	900	—	3.5	3.0
	1000	—	4.0	3.5
	1100	—	4.5	4.0

3）含气量应满足含气量与合同规定值之差不应超过±1.5%。

七、混凝土试件的取样

1. 现场搅拌混凝土取样

根据《混凝土结构工程施工质量验收规范》(GB 50204—2015)和《混凝土强度检验评定标准》(GB/T 50107—2010)的规定，用于检查结构构件混凝土强度的试件，应在混凝土的浇筑堆点随机抽取。取样与试件留置应符合以下规定：

（1）每拌制 100 盘但不超过 100m³ 的同配合比的混凝土，取样次数不得少于一次。

（2）每工作班拌制的同一配合比的混凝土不足 100 盘时，其取样次数不得少于一次。

（3）当一次连续浇筑超过 1000m³ 时，同一配合比的混凝土每 200m³ 取样不得少于一次。

（4）同一楼层、同一配合比的混凝土，取样不得少于一次。

（5）每次取样应至少留置一组标准养护试件，同条件养护试件的留置组数应根据实际需要确定。

2. 结构实体检验用同条件养护试件取样

根据《混凝土结构工程施工质量验收规范》（GB 50204—2015）的规定，结构实体检验用共同条件养护试件的留置方式和取样数量应符合以下规定：

（1）对涉及混凝土结构安全的重要部位应进行结构实体检验，其内容包括混凝土强度、钢筋保护层厚度及工程合同约定的项目等。

（2）同条件养护试件应由各方在混凝土浇筑入模处见证取样。

（3）同一强度等级的同条件养护试件的留置不宜少于 10 组，留置数量不应少于 3 组。

（4）当试件达到等效养护龄期时，方可对同条件养护试件进行强度试验。所谓等效养护龄期，就是逐日累计养护温度达到 600℃ · d，且龄期宜取 14～ 60d。一般情况，温度取当天的平均温度。

3. 预拌（商品）混凝土取样

预拌（商品）混凝土，除应在预拌混凝土厂内按规定留置试块外，混凝土运到施工现场后，还应根据《预拌混凝土》（GB/T 14902—2012）规定取样。

（1）用于交货检验的混凝土试样应在交货地点采取。每 100m³ 相同配合比的混凝土取样不少于一次；一个工作班拌制的相同配合比的混凝土不足 100m³ 时，取样也不得少于一次；当在一个分项工程中连续供应相同配合比的混凝土量大于 1000m³ 时，其交货检验的试样为每 200m³ 混凝土取样不得少于一次。

（2）用于出厂检验的混凝土试样应在搅拌地点采取，按每 100 盘相同配合比的混凝土取样不得少于一次；每一工作班组相同的配合比的混凝土不足 100 盘时，取样亦不得少于一次。

（3）对于预拌混凝土拌和物的质量，每车应目测检查；混凝土坍落度检验的试样，每 100m³ 相同配合比的混凝土取样检验不得少于一次；当一个工作班组相同配合比的混凝土不足 100m³ 时，也不得少于一次。

4. 抗渗混凝土取样

根据《地下工程防水技术规范》（GB 50108—2008），混凝土抗渗试块取样按下列规定：

（1）连续浇筑混凝土量 500m³ 以下时，应留置两组（12 块）抗渗试块。

（2）每增加 250～500m³ 混凝土，应增加留置两组（12 块）抗渗试块。

（3）如果使用材料、配合比或施工方法有变化时，均应另行按上述规定留置。

（4）抗渗试块应在浇筑地点制作，留置的两组试块其中一组（6 块）应在标准养护室养护，另一组（6 块）与现场相同条件下养护，养护期不得少于 28 天。

根据《混凝土结构工程施工质量验收规范》(GB 50204—2015)的规定，混凝土抗渗试块取样按下列规定：对有抗渗要求的混凝土结构，其混凝土试件应在浇筑地点随机取样。同一工程、同一配合比的混凝土，取样不应少于一次，留置组数可根据实际需要确定。

5. 粉煤灰混凝土取样

（1）粉煤灰混凝土的质量，应以坍落度（或工作度）、抗压强度进行检验。

（2）现场施工粉煤灰混凝土的坍落度的检验，每工作班至少测定两次，其测定值允许偏差为±20mm。

（3）对于非大体积粉煤灰混凝土每拌制 100m³，至少成型一组试块；大体积粉煤灰混凝土每拌制 500m³，至少成形一组试块。不足上述规定数量时，每工作组至少成形一组试块。

第十章

建筑砂浆及进场检验

砂浆是由胶凝材料、细骨料、掺加料和水配制而成的建筑工程材料。它与普通混凝土的主要区别是组成材料中没有粗骨料，因此，建筑砂浆也称为细骨料混凝土。建筑砂浆的作用主要有以下几个方面：在结构工程中，把单块的砖、石、砌块等胶结起来构成砌体，砖墙的勾缝、大型墙板和各种构件的接缝也离不开砂浆；在装饰工程中，墙面、地面及梁柱结构等表面的抹灰，镶贴天然石材、人造石材、瓷砖、马赛克等也都要使用砂浆。

根据用途不同，建筑砂浆可分为砌筑砂浆、抹面砂浆（普通抹面砂浆、装饰砂浆等）、特种砂浆（防水砂浆、隔热砂浆、耐腐蚀砂浆、吸声砂浆等）。

按所用的胶凝材料不同，建筑砂浆分为水泥砂浆、石灰砂浆、混合砂浆和聚合物水泥砂浆等。本节着重介绍砌筑砂浆和普通抹面砂浆。

一、砌筑砂浆

1. 砌筑砂浆的原材料

砌筑砂浆是将砖、石、砌块等块材黏结为砌体的砂浆。在工程中它起着黏结、衬垫和传递荷载的作用，其主要品种有水泥砂浆和水泥混合砂浆。

水泥砂浆是由水泥、细骨料和水配制的砂浆；水泥混合砂浆是由水泥、细骨料、掺加料和水配制的砂浆（如水泥石灰砂浆、水泥黏土砂浆等）。砌筑砂浆组成材料的选择如下。

（1）水泥。应根据砂浆用途、所处环境条件选择水泥的品种。砌筑砂浆宜采用砌筑水泥、普通水泥、矿渣水泥、火山灰水泥和粉煤灰水泥。对用于混凝土小型空心砌块的砌筑砂浆，一般宜采用普通水泥或矿渣水泥。

砌筑砂浆所用水泥的强度等级，应根据设计要求进行选择。水泥砂浆不宜采用强度等级大于42.5级的水泥。严禁使用废品水泥和不合格水泥。

（2）砂。砌筑砂浆宜采用中砂，其中毛石砌体宜选用粗砂。砂的含泥量不应超过 5%。强度等级为 M2.5 的水泥混合砂浆，砂的含泥量不应超过 10%。砂中含泥量过大，不但会增加砂浆的水泥用量，还会使砂浆的收缩值增大，耐久性降低，影响砌筑质量。M5 级及以上的水泥混合砂浆，如砂的含泥量过大，对强度会有明显的影响。

（3）掺加料与外加剂。为改善砂浆的和易性，砂浆中可加入无机材料（如石灰膏、黏土膏等）或外加剂。

石灰膏应充分熟化，为了保证石灰膏的质量，要求石灰膏应防止干燥、冻结和污染。严禁使用脱水硬化的石灰膏，因为这种石灰膏不但起不到塑化作用，还会影响砂浆强度。

黏土膏应采用黏土或亚黏土制备，并应过筛（筛孔径 3mm×3mm），达到所需细度，从而起到塑化作用。黏土中有害物质主要是有机物质，其含量过高会降低砂浆质量。有机物质含量采用比色方法确定，低于规定的含量才可使用。

砌筑砂浆中掺入砂浆外加剂是发展方向，外加剂包括微沫剂、减水剂、早强剂、促凝剂、缓凝剂、防冻剂等。

微沫剂是用松香与工业纯碱熬制成的一种憎水性有机表面活性物质，掺入砂浆中经强力搅拌，会形成许多微小气泡，能增强水泥的分散性，从而改善砂浆的和易性。砌筑砂浆中使用的外加剂，应具有法定检测机构出具的检测报告，并经砂浆性能试验合格后，方可使用。

2. 砌筑砂浆的性质

砌筑砂浆应具有良好的和易性、足够的抗压强度、黏结强度和耐久性。

（1）和易性。和易性良好的砂浆便于操作，能在砖、石表面上铺成均匀的薄层，并能很好地与底层黏结。和易性包括稠度和保水性两个方面。

1）稠度。砂浆稠度（又称流动性）表示砂浆在自重或外力作用下流动的性能，用沉入度表示。

沉入度值通过试验测定，以标准圆锥体在砂浆内自由下沉 10s 时，沉入量数值（mm）表示。其值愈大则砂浆流动性愈大，但此值过大会降低砂浆强度，过小又不便于施工操作。工程中砌筑砂浆适宜的稠度应按表 10 - 1 选用。

表 10 - 1　　　　　　　　　　砌筑砂浆的稠度

砌 体 种 类	砂浆稠度/mm
烧结普通砖砌体	70～90
轻骨料混凝土空心砌块砌体	60～90

续表

砌 体 种 类	砂浆稠度/mm
烧结多孔砖、空心砖砌体	60～80
烧结普通砖平拱式过梁	50～70
空斗墙、筒拱	
普通混凝土小型空心砌块砌体	
加气混凝土砌块砌体	
石砌体	30～50

2）保水性。保水性是指砂浆能够保持水分的性能，用分层度表示。

（2）抗压强度。砂浆硬化后在砌体中主要传递压力，所以砌筑砂浆应具有足够的抗压强度。确定砌筑砂浆的强度，应按标准试验方法制成 70.7mm 的立方体标准试件，在标准条件下养护 28d 测其抗压强度，并以 28d 抗压强度值来划分砂浆的强度等级。

砌筑砂浆共分为 M20、M15、M10、M7.5、M5、M2.5 共 6 个强度等级。其中混凝土小型空心砌块砌筑砂浆强度等级用 Mb 表示，分为 Mb25、Mb20、Mb15、Mb10、Mb7.5、Mb5 共 6 个强度等级。各强度等级相应的强度指标见表 10-2。

表 10-2　　　　　　　　　　砂浆强度指标

强 度 等 级		抗压极限强度/MPa
砌筑砂浆	混凝土小型空心砌块砌筑砂浆	
—	Mb25.0	25.0
M20.0	Mb20.0	20.0
M15.0	Mb15.0	15.0
M10.0	Mb10.0	10.0
M7.5	Mb7.5	7.5
M5.0	Mb5.0	5.0
M2.5		2.5

（3）黏结强度与耐久性。砌筑砂浆必须有足够的黏结强度，以便将砖、石、砌块黏结成坚固的砌体。从砌体的整体性来看，砂浆的黏结强度较抗压强度更为重要。根据试验结果，凡保水性能优良的砂浆，黏结强度一般较好。砂浆强度等级越高，其黏结强度也越大。此外砂浆黏结强度还与砖石表面清洁度、润湿情况

及养护条件有关。砌砖前砖要浇水湿润，其含水率控制在 10%～15% 为宜，其目的就是为了提高砖与砂浆之间的黏结强度。

考虑耐久性，对有冻融循环次数要求的砌筑砂浆，经冻融试验后，质量损失率不得大于 5%，抗压强度损失率不得大于 25%。

（4）密度。水泥砂浆拌和物的堆积密度不宜小于 $1900kg/m^3$；水泥混合砂浆拌和物的堆积密度不宜小于 $1800kg/m^3$。

二、抹面砂浆

普通抹面砂浆也称抹灰砂浆，以薄层抹在建筑物内外表面，保持建筑物不受风、雨、雪、大气等有害介质侵蚀，提高建筑物的耐久性，同时使表面平整、美观。

1. 普通抹面砂浆的种类及选用

常用的抹面砂浆有石灰砂浆、水泥混合砂浆、水泥砂浆、麻刀石灰浆（简称麻刀灰）、纸筋石灰浆（简称纸筋灰）等。

为了保证砂浆层与基层黏结牢固，表面平整，防止灰层开裂，应采用分层薄涂的方法。通常分底层、中层和面层施工。各层抹面的作用和要求不同，所以每层所选用的砂浆也不一样。同时，基层材料的特性和工程部位不同，对砂浆技术性能要求也不同，这也是选择砂浆种类的主要依据。

底层抹灰的作用是使砂浆与基面能牢固地黏结。中层抹灰主要是为了找平，有时可省略。面层抹灰是为了获得平整光洁的表面效果。

用于砖墙的底层抹灰，多为石灰砂浆；有防水、防潮要求时用水泥砂浆；用于混凝土基层的底层抹灰，多为水泥混合砂浆；中层抹灰多用水泥混合砂浆或石灰砂浆；面层抹灰多用水泥混合砂浆、麻刀灰或纸筋灰。水泥砂浆不得涂抹在石灰砂浆层上。

在容易碰撞或潮湿部位，应采用水泥砂浆，如墙裙、踢脚板、地面、雨篷、窗台，以及水池、水井等处。在硅酸盐砌块墙面上做砂浆抹面或粘贴饰面材料时，最好在砂浆层内夹一层事先固定好的钢丝网，以免久后剥落。

2. 抹面砂浆的配合比

确定抹面砂浆组成材料及配合比的主要依据是工程使用部位及基层材料的性质。表 10 - 3 为常用抹面砂浆参考配合比及应用范围。

表 10 - 3 　　　　　　　　　　常用抹面砂浆配合比及应用范围

抹面砂浆组成材料	配合比（体积比）	应用范围
石灰∶砂	1∶3	砖石墙面打底找平（干燥环境）
石灰∶砂	1∶1	墙面石灰砂浆面层
水泥∶石灰∶砂	1∶1∶6	内外墙面混合砂浆打底找平
水泥∶石灰∶砂	1∶0.3∶3	墙面混合砂浆面层
水泥∶砂	1∶2	地面、顶棚或墙面水泥砂浆面层
水泥∶石膏∶砂∶锯末	1∶1∶3∶5	吸声粉刷
石灰膏∶麻刀	100∶2.5（质量比）	木板条顶棚底层
石灰膏∶麻刀	100∶1.3（质量比）	木板条顶棚面层
石灰膏∶纸筋	100∶3.8（质量比）	木板条顶棚面层
石灰膏∶纸筋	1m³ 石灰膏掺 3.6kg 纸筋	墙面及顶棚

三、预拌砂浆

1. 基本特点

预拌砂浆，也称干混（拌）砂浆、干粉砂浆，是由专业生产厂家生产、经干燥筛分处理的细骨料与无机胶结料、矿物掺和料和外加剂按一定比例混合而成的一种颗粒状或粉状混合物，在施工现场按使用说明加水搅拌即成为砂浆拌和物。所以，干混砂浆又称为建筑业的"方便面"。产品的包装形式可分为散装或袋装。

干混砂浆品种主要有砌筑砂浆（普通砌筑砂浆、混凝土砌块专用薄床砌筑砂浆、保温砌筑砂浆等），抹灰砂浆（包括内外墙打底抹灰、腻子、内外墙彩色装饰、隔热砂浆等），地平砂浆（普通地平砂浆、自流平砂浆），黏结砂浆（瓷板胶黏剂、勾缝、隔热复合系统专用粘结砂浆），特殊砂浆（修补砂浆、防水砂浆、硬化粉等）。

干混砂浆原材料由胶凝材料（水泥、石膏、石灰等）、细骨料（普通砂、石英砂、白云石、膨胀珍珠岩等）、矿物掺和物（矿渣、粉煤灰、火山灰、细硅石粉等）、外加剂（纤维素醚、淀粉醚、可再分散聚合物胶粉、减水剂、调凝剂、防水剂、消泡剂等）、纤维（抗碱玻璃纤维、聚丙烯纤维、高强高模聚乙烯醇纤维等）组成。

2. 技术要求

普通干混砂浆技术要求见表 10 - 4。

表 10 - 4   普通干混砂浆技术要求

种　　类		砌筑砂浆	抹灰砂浆	地平砂浆
强度等级		DM2.5	DP2.5	DS15
		DM5.0	DP5.0	DS20
		DM7.5	DP7.5	DS25
		DM10	DP10	
		DM15		
稠度/mm		≤90	≤100	≤50
分层度/mm		≤20	≤20	≤20
保水性（％）		≥80	≥80	—
28d 抗压强度/MPa		≥其强度等级	≥其强度等级	≥其强度等级
凝结时间/h	初凝	≥2	≥2	≥2
	终凝	≤10	≤10	≤10
抗冻性		满足设计要求		
收缩率（％）		≤0.5	≤0.5	≤0.5

四、砌筑砂浆试件的取样

1. 抽样频率

每一楼层或 250m³ 砌体中的各种强度等级的砂浆，每台搅拌机应至少检查一次，每次至少应制作一组试块。如果砂浆强度等级或配合比变更时，还应制作试块。基础砌体可按一个楼层计。

2. 试件制作

（1）砂浆试验用料可以从同一盘搅拌或同一车运送的砂浆中取出。施工中取样，应在使用地点的砂浆槽、砂浆运送车或搅拌机出料口，至少从三个不同部位采取。所取试样的数量应多于试验用量的 1～2 倍。砂浆拌和物取样后，应尽快进行试验。现场取来的试样，在试验前应经人工再翻拌，以保证其质量均匀。

（2）砂浆立方体抗压试件每组三块。其尺寸为 70.7mm × 70.7mm × 70.7mm。试模用铸铁或钢制成。试模应具有足够的刚度、拆装方便。试模内表面应机械加工，其不平度为每 100mm 不超过 0.05mm，组装后各相邻面的不垂直度不应超过±0.5°。制作试件的捣棒为直径 10mm，长 350mm 的钢棒，其端头应磨圆。

（3）砂浆立方体抗压试块的制作。

1）将有底试模放在预先铺有吸水较好的纸的普通黏土砖上（砖的吸水率不小于10％，含水率不大于20％），试模内壁事先涂刷薄层机油或脱模剂。

2）放于砖上的湿纸，应用新闻纸（或其他未粘过胶凝材料的纸）。纸的大小要以能盖过砖的四边为准，砖的使用面要求平整，凡砖的四个垂直面粘过水泥或其他胶结材料后，不允许再使用。

3）向试模内一次注满砂浆，用捣棒均匀地由外向里按螺旋方向插捣25次，为了防止低度砂浆插捣后，可能留下孔洞，允许用油灰刀沿模壁插捣数次。插捣完后砂浆应高出试模顶面6～8mm；当砂浆表面开始出现麻斑状态时（约15～30min），将高出部分的砂浆沿试模顶面削去抹平。

3. 试件养护

（1）试件制作后应在20℃±5℃温度环境下停置一昼夜（24h±2h）；当气温较低时，可适当延长时间，但不应超过两昼夜。然后对试件进行编号并拆模。试件拆模后，应在标准养护条件下继续养护至28d，然后进行试压。

（2）标准养护的条件。

1）水泥混合砂浆应为：温度(20±3)℃，相对湿度60％～80％。

2）水泥砂浆和微沫砂浆应为：温度(20±3)℃，相对湿度90％以上。

3）养护期间，试件彼此间隔不少于10mm。

（3）当无标准养护条件时，可采用自然养护。

1）水泥混合砂浆应在正温度、相对湿度为60％～80％的条件下（如养护箱中或不通风的室内）养护。

2）水泥砂浆和微沫砂浆应在正温度并保持试块表面湿润的状态下（如湿砂堆中）养护。

3）养护期间必须做好温度记录。在有争议时，以标准养护为准。

第十一章

建筑用钢材及进场检验

一、钢材的分类

1. 按冶炼方法分类

炼钢的过程是把熔融的生铁进行氧化，使碳的含量降低到预定的范围，其他杂质降低到允许范围。在炼钢的过程中，采用的炼钢方法不同，除掉杂质的程度就不同，所得钢的质量也有差别。建筑钢材一般分转炉钢、平炉钢和电炉钢三种。

2. 按脱氧程度分类

钢在熔炼过程中不可避免地产生部分氧化铁并残留在钢水中，降低了钢的质量。因此，在铸锭过程中要进行脱氧处理，脱氧程度不同，钢材的性能就不同。因此，钢材又可分为沸腾钢、镇静钢、半镇静钢和特殊镇静钢。

（1）沸腾钢。沸腾钢是指炼钢过程中仅用弱脱氧剂锰铁进行脱氧，脱氧不完全的钢。由于钢水中残存的 FeO 与 C 化合生成 CO，在铸锭时有大量的气泡外逸，状似沸腾，因此得名。其组织不够致密，有气泡夹杂，所以质量较差；但成品率高，成本低。

（2）镇静钢。镇静钢是指炼钢过程中用必要数量的硅、锰和铝等脱氧剂进行彻底脱氧。由于脱氧充分，在铸锭时钢水平静地凝固，因此得名。其组织致密，化学成分均匀，性能稳定，是质量较好的钢种。由于产率较低，因此成本较高，适用于承受振动冲击荷载或重要的焊接钢结构中。

（3）半镇静钢。半镇静钢脱氧程度、质量及成本均介于沸腾钢和镇静钢之间。

（4）特殊镇静钢。特殊镇静钢质量和性能均高于镇静钢，成本也高于镇静钢。

建筑工程中，主要使用沸腾钢、半镇静钢和镇静钢。

3. 按化学成分分类

按合金元素含量将钢分为非合金钢（碳素钢）、低合金钢（合金元素总含量小于等于5%）和合金钢三类，主要合金元素的含量应满足表11-1的规定。

表11-1　非合金钢、低合金钢和合金钢主要合金元素规定含量界限值

项目 \ 合金元素	Cr	Co	Cu	Mn	Mo	Ni	Nb	Si	Ti	V	Zr	La系（第一种元素）
合金元素规定含量界限值/% 非合金刚<	0.30	0.10	0.10	1.00	0.05	0.30	0.02	0.50	0.05	0.04	0.05	0.02
低合金钢	0.30~0.50	—	0.10~0.50	1.00~1.40	0.05~0.10	0.30~0.50	0.02~0.06	0.50~0.90	0.05~0.13	0.04~0.12	0.05~0.12	0.02~0.05
合金钢≥	0.50	0.10	0.50	1.40	0.10	0.50	0.06	0.90	0.13	0.12	0.12	0.05

注：1. 当Cr、Co、Mo、Ni四种元素，有其中两种、三种或四种元素同时规定在钢中时，对于低合金钢，应同时考虑这些元素中每种元素的规定含量，所有这些元素的规定含量总和，应不大于规定的两种、三种或四种元素中每种元素最高界限值总和的70%。如果这些元素的规定含量总和大于规定的元素中每种元素最高界限值总和的70%，即使这些元素每种元素的规定含量低于规定的最高界限值，也应划入合金钢。

2. 上述原则也适用于Nb、Ti、V、Zr四种元素。

非合金钢中的合金元素往往是在炼钢过程中残留在钢中的，其含量较低，对钢性能影响大的是碳的含量，故称非合金钢为碳素钢。按含碳量不同，非合金钢（碳素钢）可分为低碳钢（碳含量不大于0.25%）、中碳钢（碳含量为0.25%~0.6%）和高碳钢（碳含量大于0.6%）。建筑工程中，钢结构和钢筋混凝土结构用钢，主要使用碳素钢和低合金钢加工成的产品，合金钢亦有少量应用。

4. 按品质分类

根据钢材中硫、磷的含量，分成普通钢[$W(P)\leqslant0.045\%,W(S)=0.050\%$]、优质钢（磷和硫的含量均不大于0.035%）、高级优质钢[$W(P)\leqslant0.035\%,W(S)\leqslant0.030\%$]。建筑工程主要应用的是普通质量和优质的碳素钢及低合金钢，部分热轧钢筋则是用优质合金钢轧制而成。

5. 按用途分类

按主要用途，将钢分为建筑及工程用钢（普通碳素结构钢、低合金结构钢、钢筋）、结构钢、工具钢和特殊性能钢等。

6. 按成型方法分类

按成型方法分为锻钢、铸钢、热轧钢、冷轧钢、冷拔钢。

二、建筑用钢筋

1. 钢筋牌号

钢筋的牌号是人们给钢筋所取的名字，牌号不仅表明了钢筋的品种，而且还可以大致判断其质量。按钢筋的牌号分类，钢筋主要可分为以下几种：

钢筋的牌号为 HRB335、HRBF335、HRB400、HRBF400、HRB500、HRBF500、HPB235、CRB550 等。

牌号中的 HRB 分别为热轧、带肋、钢筋三个词的英文首位字母，后面的数字是表示钢筋的屈服强度最小值。

牌号中 HRBF 分别为热轧、带肋、钢筋、细晶粒四个词的英文首位字母，后面数字是表示钢筋屈服强度最小值。

牌号中的 HPB 分别为热轧、光圆、钢筋二个词的英文首位字母，后面的数字是表示钢筋的屈服强度最小值。

牌号中的 CRB 分别为冷轧、带肋、钢筋三个词的英文首位字母，后面的数字是表示钢筋的抗拉强度最小值。

工程图纸中，用牌号为 Q235 碳素结构钢制成的热轧光圆钢筋（包括盘圆）常用符号"φ"表示；牌号为 HRB335 的钢筋混凝土用热轧带肋钢筋常用符号"Φ"表示；牌号为 HRB400 的钢筋混凝土用热轧带肋钢筋常用符号"Φ"表示。

2. 工程中常用的钢筋

工程中经常使用的钢筋品种有钢筋混凝土用热轧带肋钢筋、钢筋混凝土用热轧光圆钢筋、低碳钢热轧圆盘条、冷轧带肋钢筋、钢筋混凝土用余热处理钢筋等。建筑施工所用钢筋必须与设计相符，并且满足产品标准要求。

（1）钢筋混凝土用热轧带肋钢筋。钢筋混凝土用热轧带肋钢筋（俗称螺纹钢）是最常用的一种钢筋，它是用低合金高强度结构钢轧制成的条形钢筋，通常带有 2 道纵肋和沿长度方向均匀分布的横肋，按肋纹的形状又分为月牙肋和等高肋。由于表面肋的作用，钢筋和混凝土有较大的黏结能力，因而能更好地承受外力的作用，适用于作为非预应力钢筋、箍筋、构造钢筋。热轧带肋钢筋经冷拉后还可作为预应力钢筋。热轧带肋钢筋牌号的构成及含义见表 11 - 2。热轧带肋钢筋直径范围为 6~50mm。推荐的公称直径（与该钢筋横截面面积相等的圆所对应的直径）为 6mm、8mm、10mm、12mm、16mm、20mm、25mm、32mm、40mm、50mm。月牙肋钢筋表面及截面形状如图 11 - 1 所示；等高肋钢筋表面及截面形状如图 11-2 所示。

表 11-2 热轧带肋钢筋牌号的构成和含义

类别	牌号	牌号构成	英文字母含义
普通热轧钢筋	HRB335	由 HRB＋屈服强度特征值构成	HRB－热轧带肋钢筋的英文（Hot rolled Ribbed Bars）缩写
	HRB400		
	HRB500		
细晶粒热轧钢筋	HRBF335	由 HRBF＋屈服强度特征值构成	HRBF－在热轧带肋钢筋的英文缩写后加"细"的英文（Fine）首位字母
	HRBF400		
	HRBF500		

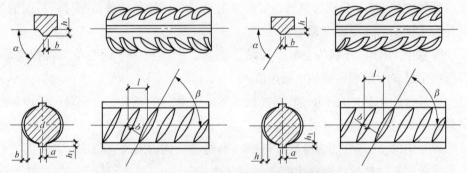

图 11-1 月牙肋钢筋表面及截面形状

d－钢筋内径；α－横肋斜角；h－横肋高；β－横肋与轴线夹角；

h_1－纵肋高度；a－纵肋顶宽；l－横肋间距；b－横肋顶宽

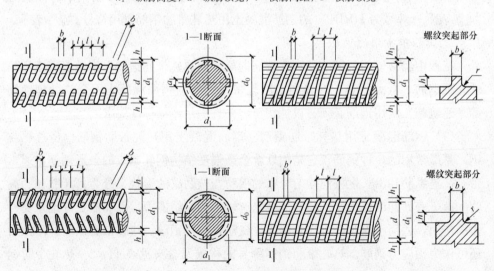

图 11-2 等高肋钢筋表面及截面形状

d－钢筋内径；a－纵肋宽度；h－横肋高度；b－横肋顶宽；

h_1－纵肋高度；l－横肋间距；r－横肋根部圆弧半径

（2）钢筋混凝土用热轧光圆钢筋。热轧光圆钢筋是经热轧成型并自然冷却而成的横截面为圆形，且表面为光滑的钢筋混凝土配筋用钢材，其钢种为碳素结构钢，其牌号为 HPB235 和 HPB300。适用于作为非预应力钢筋、箍筋、构造钢筋、吊钩等。热轧光圆钢筋的直径范围为 8～22mm。推荐的公称直径为 8mm、10mm、12mm、16mm、20mm。

（3）低碳钢热轧圆盘条。热轧盘条是热轧型钢中截面尺寸最小的一种，大多通过卷线机卷成盘卷供应，故称盘条或盘圆。低碳钢热轧圆盘条由屈服强度较低的碳素结构钢轧制，是目前用量最大、使用最广的线材，适用于非预应力钢筋、箍筋、构造钢筋、吊钩等。热轧圆盘条又是冷拔低碳钢丝的主要原材料，用热轧圆盘条冷拔而成的冷拔低碳钢丝可作为预应力钢丝，用于小型预应力构件（如多孔板等）或其他构造钢筋、网片等。热轧盘条的直径范围为 5.5～14.0mm。常用的公称直径为 5.5mm、6.0mm、6.5mm、7.0mm、8.0mm、9.0mm、10.0mm、11.0mm、12.0mm、13.0mm、14.0mm。

（4）冷轧带肋钢筋。冷轧带肋钢筋是以碳素结构钢或低合金热轧圆盘条为母材，经冷轧（通过轧钢机轧成表面有规律变形的钢筋）或冷拔（通过冷拔机上的孔模，拔成一定截面尺寸的细钢筋）减径后在其表面冷轧成三面（或二面）有肋的钢筋，提高了钢筋和混凝土之间的黏结力。冷轧带肋钢筋分为 CRB550、CRB650、CRB800、CRB970 四个牌号。CRB550 为普通混凝土用钢筋，其他牌号适用于作为小型预应力构件的预应力钢筋、箍筋、构造钢筋、网片等。与热轧圆盘条相比较，冷轧带肋钢筋的强度提高了 17％左右。冷轧带肋钢筋的直径范围为 4～12mm。三面肋钢筋表面及截面形状如图 11 - 3 所示。

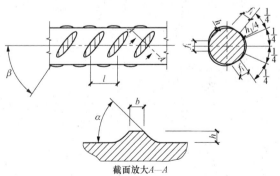

图 11 - 3 三面肋钢筋表面及截面形状

α—横肋斜角；β—横肋与钢筋轴线夹角；h—横肋中点高；

l—横肋间距；b—横肋顶宽；f_i—横肋间隙

（5）钢筋混凝土用余热处理钢筋。钢筋混凝土用余热处理钢筋是指低合金高强度结构钢经热轧后立即穿水，进行表面控制冷却，然后利用芯部余热自身完成回火处理所得的成品钢筋。其性能均匀，晶粒细小，在保证良好塑性、焊接性能的条件下，屈服点约提高10%，用作钢筋混凝土结构的非预应力钢筋、箍筋、构造钢筋，可节约材料并提高构件的安全可靠性。余热处理月牙肋钢筋的级别为Ⅲ级，强度等级代号为KL400（其中"K"表示"控制"）。余热处理钢筋的直径范围为8～40mm。推荐的公称直径为8mm、10mm、12mm、16mm、20mm、25mm、32mm、40mm。

三、型钢

1. 热轧扁钢

热轧扁钢是截面为矩形并稍带钝边的长条钢材，主要由碳素结构钢或低合金高强度结构钢制成。其规格以厚度乘以宽度的毫米数表示，如"4×25"，即表示厚度为4mm，宽度为25mm的扁钢。在建筑工程中多用作一般结构构件，如连接板、栅栏、楼梯扶手等。

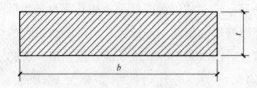

图11-4 热轧扁钢规格

t—扁钢厚度；b—扁钢宽度

扁钢的截面为矩形，其厚度为3～60mm，宽度为10～150mm。截面图及标注符号如图11-4所示。

扁钢的截面尺寸、允许偏差应符合表11-3的规定。

表11-3　　　　　　　　　扁钢尺寸允许偏差　　　　　　　　（单位：mm）

宽　度			厚　度		
尺寸	允许偏差		尺寸	允许偏差	
	普通级	较高级		普通级	较高级
10～15	+0.5 -1.0	+0.3 -0.9	3～16	+0.3 -0.5	+0.2 -0.4
>50～75	+0.6 -1.3	+0.4 -1.2			
>75～100	+0.9 -1.8	+0.7 -1.7	>16～60	+1.5% -3.0%	+1.0% -2.5%
>100～150	+1.0% -2.0%	+0.8% -1.8%			

2. 热轧工字钢

热轧工字钢也称钢梁，是截面为工字形的长条钢材，主要由碳素结构钢轧制而成。其规格以腰高(h)×腿宽(b)×腰厚(d)的毫米数表示，如"工160×88×6"，即表示腰高为 160mm，腿宽为 88mm，腰厚为 6mm 的工字钢。工字钢规格也可用型号表示，型号表示腰高的厘米数，如工16 号。腰高相同的工字钢，如有几种不同的腿宽和腰厚，需在型号右边加 a 或 b 或 c 予以区别，如 32a、32b、32c 等。热轧工字钢的规格范围为 10～63 号。工字钢广泛应用于各种建筑钢结构和桥梁，主要用在承受横向弯曲的杆件。

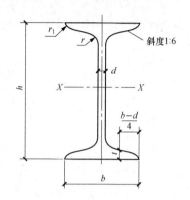

图 11-5　热轧工字钢截面

h—高度；b—腿宽度；

d—腰厚度；t—平均腿厚度；

r—内圆弧半径；r_1—腿端圆弧半径

热轧工字钢的截面图形及标注符号如图 11-5 所示。

热轧工字钢的高度 h、腿宽度 b、腰厚度 d 尺寸允许偏差应符合表11-4 的规定。

表 11-4　　　　　　　　　热轧工字钢截面尺寸允许偏差

型　号	允许偏差/mm		
	高度 h	腿宽度 b	腰厚度 d
≤14	±2.0	±2.0	±0.5
>14～18		±2.5	
>18～30	±3.0	±3.0	±0.7
>30～40		±3.5	±0.8
>40～63	±4.0	±4.0	±0.9

3. 热轧槽钢

热轧槽钢是截面为凹槽形的长条钢材，主要由碳素结构钢轧制而成；其规格表示方法同工字钢，如 120×53×5，表示腰高为 120mm、腿宽为 53mm、腰厚为 5mm 的槽钢，或称 12 号槽钢。腰高相同的槽钢，如有几种不同的腿宽和腰厚，也需在型号右边加上 a 或 b 或 c 予以区别，如 25a、25b、25c 等。热轧槽钢的规格范围为 5～40 号。

槽钢主要用于建筑钢结构和车辆制造等，30 号以上可用于桥梁结构作受拉力的杆件，也可用作工业厂房的梁、柱等构件。槽钢常常和工字钢配合使用。

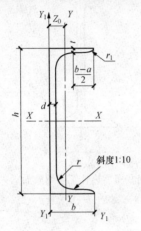

图 11-6　热轧槽钢截面

h－高度；b－腿宽度；

d－腰厚度；t－平均腿厚度；

r－内圆弧半径；r_1－腿端圆弧半径

热轧槽钢的截面图示及标注符号如图 11-6 所示。

热轧槽钢的高度 h、腿宽度 b、腰厚度 d 尺寸允许偏差应符合表 11-5 的规定。

表 11-5　热轧槽钢截面尺寸允许偏差

型　号	允许偏差/mm		
	高度 h	腿宽度 b	腰厚度 d
5～8	±1.5	±1.5	±0.4
>8～14	±2.5	±2.0	±0.5
>14～18		±2.5	±0.6
>18～30	±3.0	±3.0	±0.7
>30～40		±3.5	±0.8

4. 热轧等边角钢

热轧等边角钢（俗称角铁），是两边互相垂直成角形的长条钢材，主要由碳素结构钢轧制而成。其规格以"边宽×边宽×边厚"的毫米数表示。如"30×30×3"即表示边宽为 30mm、边厚为 3mm 的等边角钢。也可用型号表示，型号是边宽的厘米数，如 3 号。型号不表示同一型号中不同边厚的尺寸，因而在合同等单据上应将角钢的边宽、边厚尺寸填写齐全，避免单独用型号表示。热轧等边角钢热轧等边角钢可按结构的不同需要组成各种不同的受力构件，也可作构件之间的连接件；其广泛应用于各种建筑结构和工程结构上。

热轧等边角钢的截面图示及标注符号如图 11-7 所示。

等边角钢的边宽度 b、边厚度 d 尺寸允许偏

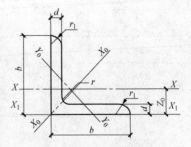

图 11-7　热轧等边角钢截面

b－边宽度；d－边厚度；

r－内圆弧半径；r_1－边端内圆弧半径

差应符合表 11 - 6 的规定。

表 11 - 6　　　　　　　　　等边角钢截面尺寸允许偏差

型　　　号	允许偏差/mm	
	边宽度 b	边厚度 d
2～5.6	±0.8	±0.4
6.3～9	±1.2	±0.6
10～14	±1.8	±0.7
16～20	±2.5	±1.0

四、钢板

钢板是用轧制方法生产的，宽厚比很大的矩形板状钢材。按工艺不同，钢板有热轧和冷轧两大类。按钢板的公称厚度划分，钢板有薄板（0.1～4mm）、中板（4～20mm）、厚板（20～60mm）、特厚板（＞60mm）。

1. 热轧钢板

热轧钢板按边缘状态分为切边和不切边两类；按精度又有普通精度和较高精度之分。热轧钢板的厚度自 0.35mm 至 200mm，宽度大于等于 600mm，按不同的厚度和宽度，规定了定尺的长度。钢板也可供应宽度为 10mm 至 50mm 倍数的任何尺寸、长度为 100mm 或 50mm 倍数的任何尺寸。但厚度小于等于 4mm 的钢板，最小长度不得小于 1.2m；厚度大于 4mm 的钢板，最小长度不得小于 2m。

热轧钢板按所用的钢种，通常有碳素结构钢、优质碳素结构钢和低合金高强度结构钢三类，热轧合金结构钢钢板也有多种产品供应。钢板所用钢的牌号和材质要求，均应满足相关标准的规定。

2. 冷轧钢板

冷轧钢板是以热轧钢板或钢带为原料，在常温下经冷轧机轧制而成。冷轧钢板的公称厚度，一般为 0.2～5mm，宽度大于等于 600mm。按边缘状态，分为切边和不切边冷轧钢板；按轧制精度，分为普通精度和较高精度。

冷轧钢板所用的钢种，除碳素结构钢和低合金高强度结构钢之外，还有硅钢、不锈钢等。

3. 钢带

厚度较薄、宽度较窄，以卷状供应的钢板，称为钢带。钢带的厚度，一般为

0.1mm 至 4mm；0.02mm 至 0.1mm 厚的称薄钢带，0.02mm 以下的称超薄钢带。按钢带的宽度，不大于 600mm 的为窄钢带，超过 600mm 的为宽钢带。

按轧制工艺不同，钢带分为热轧和冷轧两类。按边缘状态，分为切边和不切边钢带；按精度又有普通精度和较高精度之分。

4. 镀层薄钢板

镀层薄钢板，是为提高钢板的耐腐蚀性，以满足某些使用的特殊要求，在具有良好深冲性能的低碳钢钢板表面，施以有电化学保护作用的金属或合金的镀层产品。

（1）镀锡薄板，旧称马口铁，是在 0.1mm 至 0.32mm 的钢板上热镀或电镀纯锡。镀锡薄板的表面光亮，耐腐蚀性高，锡焊性良好，能在表面进行精美印刷。

（2）镀锌薄板，俗称白铁皮，是一种经济而有效的防腐蚀措施产品。镀锌薄板的一般厚度为 0.35mm 至 3mm，有热镀法和电镀法之分。热镀法的镀锌薄板，每面用锌量一般为 $60\sim300g/m^2$，抗蚀性较强；电镀法薄板，每面用锌量 $10\sim50g/m^2$，多用于涂漆的部件。

（3）镀铝钢板，是镀纯铝或含硅 5%～10% 的铝合金的钢板。镀铝钢板，能抗 SO_2、H_2S 和 NO_2 等气体的腐蚀，抗氧化性和热反射性也很好。

（4）镀铅-锡合金钢板，主要是指镀有含锡 5%～20% 的铅-锡合金镀层的钢板。这种钢板具有优越的耐蚀性，特别是能抗石油制品的腐蚀，还具有深冲成形的润滑性及可焊性等。

五、钢管

钢管按制造方法不同，分为无缝钢管和焊接钢管两大类。钢管的制造工艺更新很快，采用的钢种和成品的规格都在不断增多。这不仅满足各类输送管道结构需要，也拓宽了建筑结构用管材的选择范围。

1. 焊接钢管

焊接钢管，是以带钢经过弯曲成型、连续焊接和精整三个基本工序制成。随着优质带钢连轧工艺的进步，焊接及检验技术的提高，焊接钢管得到较快的发展与提高。

（1）焊管用钢的牌号。标准对制管用钢的规定，碳素结构钢为 Q195、Q215A、Q215B、Q235A、Q235B 五个牌号；低合金高强度结构钢为 Q295A、

Q295B、Q345A、Q345B 四个牌号；还可用经供需双方议定的适合制管工艺的其他钢材。

（2）焊管的种类。焊管按壁厚分为普通钢管和加厚钢管两种。焊管采用电阻焊或埋弧焊的方法制造。公称外径不大于 323.9mm 的管，可提供镀锌钢管。根据需方要求，经供需双方议定，钢管端部可加工螺纹。

（3）焊管的规格尺寸。应以管的公称外径及公称壁厚表示其规格。对公称外径 168.3mm 及以下的管，可用公称口径来表示。按《低压流体输送用焊接钢管》（GB/T 3091—2008）中定型的尺寸，公称直径由 6mm 至 1626mm，共 41 种；公称壁厚由 2mm 至 25mm，计 26 个。按公称外径大小，从同一厚度系列中选定一个或几个值。焊管的通常长度，电阻焊钢管为 4mm 至 12m，埋弧焊钢管为 3mm 至 12m。

（4）焊管的标记。标准中规定了焊管的统一标记，应依次写出下列内容的代号或数值："用钢的牌号·是否镀锌公称外径×公称壁厚×长度焊接方法执行标准号"。其中镀锌管写 Zn，不镀锌管则空白；焊接方法的代号，电阻焊代号为 ERW，埋弧焊用 SAW。

（5）对焊管的技术要求。焊管应保证尺寸允许偏差、椭圆度和弯曲度的限值、理论质量、表面质量、力学性能和工艺性能符合标准规定。其中工艺性能要求进行弯曲试验和压扁试验；力学性能的项目和指标应符合表 11-7 的规定。此外，要求焊管应逐根进行液压试验，在规定的时间和压力下不发生渗漏；制造厂可用涡流探伤和超声波探伤代替液压试验。

表 11-7　　　　　　　　焊接钢管的力学性能

牌　号	抗拉强度 σ_b/MPa，$\geqslant$	屈服点 σ_s/MPa，$\geqslant$		伸长率 δ_s（%），$\geqslant$	
		$t\leqslant16$mm	$t>16$mm	$D\leqslant168.3$	$D>168.3$
Q195	315	195	185	15	20
Q215A、Q215B	335	215	205		
Q235A、Q235B	370	235	225		
Q295A、Q295B	390	295	275	13	18
Q345A、Q345B	470	345	325		

注：1. 表中 D 为公称外径，单位为 mm。对于 $D\leqslant114.3$ 的管，不测 σ_s；对于 $D>114.3$ 的管，σ_s 的测值供参考，不作交货条件。t 为钢管壁厚。

2. 采用其他牌号钢制造的管，力学性能指标由供需双方商定。

2. 无缝钢管

无缝钢管是将管坯经加热、穿孔、轧薄、均整、定径等工序制成。由于采用近代化的制管设备和工艺，增强了无缝管与焊接管竞争的能力，其正以组织均匀、尺寸精确、品种规格多样化等优势，与焊接钢管产品并驾齐驱。

结构用无缝钢管的现行标准为《结构用无缝钢管》（GB/T 8162—2008），现将其中的要项简介如下。

（1）无缝管的品种。结构用无缝钢管，按生产工艺不同分为热轧和冷轧两大类，热轧管包括热挤压和热扩，冷轧管包括冷轧和冷拔。按采用的钢种和牌号的不同，结构用无缝钢管有：优质碳素结构钢 10、15、20、25、35、45、20Mn、25Mn 八个牌号，低合金高强度结构钢，合金结构钢的 33 个牌号〔详见《结构用无缝钢管》（GB/T 8162—2008）中所列〕。按对外径和壁厚的精度要求，此类管又分为普通级和高级两类。

（2）无缝管的规格尺寸。管的外径和壁厚符合《无缝钢管尺寸、外形、重量及允许偏差》（GB/T 17395—2008）的规定，即外径分为标准化、非标准化为主和特殊用途钢管三大系列，壁厚则确立了同一的系列。具体的外径和壁厚，选用时应详查《无缝钢管尺寸、外形、重量及允许偏差》（GB/T 17395—2008）。无缝管的通常长度，热轧（挤、扩）管为 3～12m，冷拔（轧）管为 2～10.5m。

（3）对无缝管的技术要求。包括尺寸偏差、弯曲度、质量偏差、用钢的冶炼及制坯方法、交货状态、化学成分和力学性能等，《结构用无缝钢管》（GB/T 8162—2008）均作出了规定。其中，钢的化学成分应符合所属钢种的标准，钢管的化学成分在允许偏差之内。关于力学性能，热轧状态或热处理（正火或回火）状态交货的优碳钢、低合金钢管的纵向力学性能，见表 11-8；合金结构钢用热处理毛坯制成试样测出的纵向力学性能，以及钢管退火或高温回火供应状态布氏硬度，详见《结构用无缝钢管》（GB/T 8162—2008）。

表 11-8　　　　　　　　　优碳钢、低合金钢无缝管力学性能

牌号	抗拉强度 σ_b/MPa, ≥	屈服点 σ_s/MPa, ≥			伸长率 δ_s（%），≥	压扁试验平板间距 H/mm
		S≤16	16<S<30	S>30		
10	335	205	195	185	24	2D/3
20	390	245	235	225	20	2D/3
35	510	305	295	285	17	—
45	590	335	325	315	14	—
Q345	490	325	315	305	21	7D/8

注：1. D 为无缝钢管外径，S 为管的壁厚，单位均为 mm。

　　2. 压扁试验的 H 值应同时不小于 $5S$。

六、钢材进场验收、储运与保管

1. 建筑钢材验收的基本要求

建筑钢材从钢厂到施工现场经过了商品流通的多道环节，建筑钢材的检验验收是质量管理中必不可少的环节。建筑钢材必须按批进行验收，并达到下述四项基本要求，下面将以工程中常用的带肋钢筋为主要对象予以叙述。

（1）订货和发货资料应与实物一致。检查发货码单和质量证明书内容是否与建筑钢材标牌标志上的内容相符。对于钢筋混凝土用热轧带肋钢筋、冷轧带肋钢筋和预应力混凝土用钢材（钢丝、钢棒和钢绞线）必须检查其是否有《全国工业产品生产许可证》，该证由国家质量监督检验检疫总局颁发，证书上带有国徽，一般有效期不超过 5 年。对符合生产许可证申报条件的企业，由各省或直辖市的工业产品生产许可证办公室先发放《行政许可申请受理决定书》，并自受理企业申请之日起 60 日内，作出是否准予许可的决定。为了打假治劣，保证重点建筑钢材的质量，国家将热轧带肋钢筋、冷轧带肋钢筋和预应力混凝土用钢材（钢丝、钢棒和钢绞线）划为重要工业产品，实行了生产许可证管理制度。其他类型的建筑钢材国家目前未发放《全国工业产品生产许可证》。

1）热轧带肋钢筋生产许可证编号。

例：XK05－205－×××××。

XK——代表许可；

05——冶金行业编号；

205——热轧带肋钢筋产品编号；

×××××为某一特定企业生产许可证编号。

2）冷轧带肋钢筋生产许可证编号。

例：XK05－322－×××××。

XK——代表许可；

05——冶金行业编号；

322——冷轧带肋钢筋产品编号；

×××××为某一特定企业生产许可证编号。

3）预应力混凝土用钢材（钢丝、钢棒和钢绞线）生产许可证编号。

例：XK05－114－×××××。

XK——代表许可；

05——冶金行业编号；

114——预应力混凝土用钢材（钢丝、钢棒和钢绞线）产品编号；

×××××为某一特定企业生产许可证编号。

为防止施工现场带肋钢筋等产品《全国工业产品生产许可证》和产品质量证明书的造假现象。施工单位、监理单位可通过国家质量监督检验检疫总局网站（www. aqsiq. gov. cn）进行带肋钢筋等产品生产许可证获证企业的查询。

（2）检查包装。除大中型型钢外，不论是钢筋还是型钢，都必须成捆交货，每捆必须用钢带、盘条或铁丝均匀捆扎结实，端面要求平齐，不得有异类钢材混装现象。

每一捆扎件上一般都拴有两个标牌，上面注明生产企业名称或厂标、牌号、规格、炉罐号、生产日期、带肋钢筋生产许可证标志和编号等内容。按照《钢筋混凝土用钢 第2部分：热轧带肋钢筋》（GB 1499.2—2007）规定，带肋钢筋生产企业都应在自己生产的热轧带肋钢筋表面轧上明显的牌号标志，并依次轧上厂名（或商标）和直径（mm）数字。钢筋牌号以阿拉伯数字表示，HRB335、HRB400、HRB500对应的阿拉伯数字分别为2、3、4。厂名以汉语拼音字头表示。直径（mm）数以阿拉伯数字表示。

直径不大于10mm的钢筋，可不轧制标志，采用挂标牌方法。

施工和监理单位应加强施工现场热轧带肋钢筋生产许可证、产品质量证明书、产品表面标志和产品标牌一致性的检查。对所购热轧带肋钢筋委托复检时，必须截取带有产品表面标志的试件送检（例如：2SD16），并在委托检验单上如实填写生产企业名称、产品表面标志等内容，建材检验机构应对产品表面标志及送检单位出示的生产许可证复印件和质量证明书进行复核。不合格热轧带肋钢筋加倍复检所抽检的产品，其表面标志必须与企业先前送检的产品一致。

（3）对建筑钢材质量证明书内容进行审核。质量证明书必须字迹清楚、证明书中应注明：供方名称或厂标；需方名称；发货日期；合同号；标准号及水平等级；牌号；炉罐（批）号、交货状态、加工用途、重量、支数或件数；品种名称、规格尺寸（型号）和级别；标准中所规定的各项试验结果（包括参考性指标）；技术监督部门印记等。

钢筋混凝土用热轧带肋钢筋的产品质量证明书上应印有生产许可证编号和该企业产品表面标志；冷轧带肋钢筋的产品质量证明书上应印有生产许可证编号。质量证明书应加盖生产单位公章或质检部门检验专用章。若建筑钢材是通过中间供应商购买的，则质量证明书复印件上应注明购买时间、供应数量、买受人名称、质量证明书原件存放单位，在建筑钢材质量证明书复印件上必须加盖中间供应商的红色印章，并有送交人的签名。

（4）建立材料台账。建筑钢材进场后，施工单位应及时建立"建设工程材料采购验收检验使用综合台账"；监理单位可设立"建设工程材料监理监督台账"。其内容包括材料名称、规格品种、生产单位、供应单位、进货日期、送货单编号、实收数量、生产许可证编号、质量证明书编号、产品标志、外观质量情况、材料检验日期、检验报告编号、材料检测结果、工程材料报审表签认日期、使用部位、审核人员签名等。

2. 实物质量的验收

建筑钢材的实物质量主要是看所送检的钢材是否满足规范及相关标准要求，现场所检测的建筑钢材尺寸偏差是否符合产品标准规定，外观缺陷是否在标准规定的范围内。对于建筑钢材的锈蚀现象，验收方也应引起足够的重视。

3. 建筑钢材的运输、储存

建筑钢材由于质量大、长度长，运输前必须了解所运建筑钢材的长度和单捆重量，以便安排运输车辆和起重机。

建筑钢材应按不同的品种、规格分别堆放。在条件允许的情况下，建筑钢材应尽可能存放在库房或料棚内（特别是有精度要求的冷拉、冷拔等钢材），若采用露天存放，则料场应选择地势较高且平坦的地面，经平整、夯实、预设排水沟道、安排好垛底后方能使用。为避免因潮湿环境而引起的钢材表面锈蚀现象，雨、雪季节建筑钢材要用防雨材料覆盖。

施工现场堆放的建筑钢材应注明"合格""不合格""在检""待检"等产品质量状态，注明钢材生产企业名称、品种规格、进场日期及数量等内容，并以醒目标志标明，工地应由专人负责建筑钢材收货和发料。

七、钢筋的取样

1. 热轧钢筋

（1）组批规则。以同一牌号、同一炉罐号、同一规格、同一交货状态，不超过 60t 为一批。

（2）取样方法如下。

拉伸检验：任选两根钢筋切取两个试样，试样长 500mm。

冷弯检验：任选两根钢筋切取两个试样，试样长度按下式计算。

$$L = 1.55 \times (a+d) + 140\text{mm} \tag{11-1}$$

式中　L——试样长度；

　　　a——钢筋公称直径；

　　　d——弯曲试验的弯心直径；按表 11-9 取用。

表 11-9　　　　　钢筋弯曲试验的弯心直径表

钢筋牌号（强度等级）	HPB300	HRB335		HRB400		HRB500	
公称直径/mm	8~20	6~25	28~50	6~25	28~50	6~25	28~50
弯心直径 d	1a	3a	4a	4a	5a	6a	7a

在切取试样时，应将钢筋端头的 500mm 去掉后再切取。

2. 低碳钢热轧圆盘条

（1）组批规则。以同一牌号、同一炉罐号、同一品种、同一尺寸、同一交货状态，不超过 60t 为一批。

（2）取样方法。

拉伸检验：任选一盘，从该盘的任一端切取一个试样，试样长 500mm。

弯曲检验：任选两盘，从每盘的任一端各切取一个试样，试样长 200mm。

在切取试样时，应将端头的 500mm 去掉后再切取。

（3）冷拔低碳钢丝。

1）组批规则。甲级钢丝逐盘检验。乙级钢丝以同直径 5t 为一批任选三盘检验。

2）取样方法。从每盘上任一端截去不少于 500mm 后，再取两个试样一个拉伸，一个反复弯曲，拉伸试样长 500mm，反复弯曲试样长 200mm。

3. 冷轧带肋钢筋

（1）冷轧带肋钢筋的力学性能和工艺性能应逐盘检验，从每盘任一端截去 500mm 以后，取两个试样，拉伸试样长 500mm，冷弯试样长 200mm。

（2）对成捆供应的 550 级冷轧带肋钢筋应逐捆检验。从每捆中同一根钢筋上截取两个试样；其中拉伸试样长 500mm，冷弯试样长 250mm。如果检验结果有一项达不到标准规定，应从该捆钢筋中取双倍试样进行复验。

第十二章

墙体材料及进场检验

一、砌墙砖

砌墙砖按规格、孔洞率及孔的大小，分为普通砖、多孔砖和空心砖；按工艺不同，又分为烧结砖和非烧结砖。

1. 烧结普通砖

烧结普通砖是指公称尺寸为 240mm×115mm×53mm、无孔洞或孔洞率小于15％、经焙烧而成的砖。烧结普通砖按所用主要原料，分为黏土砖、页岩砖、煤矸石砖和粉煤灰砖。

（1）强度等级。烧结普通砖，根据抗压强度分为 MU30、MU25、MU20、MU15 和 MU10 五个强度等级。各强度等级的抗压强度应符合表 12-1 的规定。

表 12-1　　　　　烧结普通砖强度等级指标　　　　　（单位：MPa）

强度等级	抗压强度平均值 $\bar{f}$，$\geqslant$	变异系数 $\delta \leqslant 0.21$	变异系数 $\delta > 0.21$
		强度标准值 f_k，$\geqslant$	单块最小抗压强度值 f_{min}，$\geqslant$
MU30	30.0	22.0	25.0
MU25	25.0	18.0	22.0
MU20	20.0	14.0	16.0
MU15	15.0	10.0	12.0
MU10	10.0	6.5	7.5

（2）质量等级。强度、抗风化性能和放射性物质合格的烧结普通砖，根据尺寸偏差、外观质量、泛霜和石灰爆裂，分为优等品、一等品和合格品三个质量等级。尺寸偏差按长度、宽度和高度的公称尺寸，以样本的平均偏差和极差提出限定指标，详见表 12-2。外观质量的项目和指标，详见表 12-3，同时规定产品中不允许有欠火砖、酥砖和螺旋纹砖。

表 12 - 2 烧结普通砖的尺寸允许偏差 （单位：mm）

公称尺寸	优等品		一等品		合格品	
	样本平均偏差	样本极差，≤	样本平均偏差	样本极差，≤	样本平均偏差	样本极差，≤
240	±2.0	6	±2.5	7	±3.0	8
115	±1.5	5	±2.0	6	±2.5	7
53	±1.5	4	±1.6	5	±2.0	6

表 12 - 3 烧结普通砖的外观质量 （单位：mm）

项　　目		优等品	一等品	合格品
两条面高度差，不大于		2	3	4
弯曲，不大于		2	3	4
杂质凸出高度，不大于		2	3	4
缺棱掉角的三个破坏尺寸，不得同时大于		5	20	30
裂纹长度，不大于	a. 大面上宽度方向及其延伸至条面的长度	30	60	80
	b. 大面上长度方向及其延伸至顶面的长度或条顶面上水平裂纹的长度	50	80	100
完整面，不得少于		二条面和二顶面	一条面和一顶面	—
颜色		基本一致	—	—

注：凡有下列缺陷之一者，不得称为完整面：a. 缺损在条面或顶面上造成的破坏尺寸同时大于 10mm ×10mm；b. 条面或顶面上裂纹宽度大于 1mm，其长度超过 30mm；c. 压陷、粘底、焦花在条面或顶面上的凹陷或凸出超过 2mm，区域尺寸同时大于 10mm×10mm。

泛霜是指可溶性盐类在砖表面的盐析现象。经规定方法检验，每块砖样应符合下列规定：

优等品——无泛霜；

一等品——不允许出现中等泛霜；

合格品——不允许出现严重泛霜。

石灰爆裂是指砖的原料或内燃物质中夹杂着石灰质，焙烧时被烧成生石灰，砖吸水后体积膨胀而发生的爆裂现象。对石灰爆裂的限定是：

优等砖：不允许出现最大破坏尺寸大于 2mm 的爆裂区域；

一等品：①最大破坏尺寸大于 2mm 且小于等于 10mm 的爆裂区域，每组砖样不得多于 15 处；②不允许出现最大破坏尺寸大于 10mm 的爆裂区域；

合格品：①最大破坏尺寸大于 2mm 且小于等于 15mm 的爆裂区域，每组砖样不得多于 15 处，其中大于 10mm 的不得多于 7 处；②不允许出现最大破坏尺寸大于 15mm 的爆裂区域。

（3）抗风化性能。烧结普通砖的抗风化性能，按划分的风化区不同，作出是否经抗冻性检验的规定。风化区的划分，见表 12-4。

表 12-4　　　　　　　烧结普通砖抗风化性能的风化区划分

严重风化区		非严重风化区	
①黑龙江省	⑪河北省	①山东省	⑪福建省
②吉林省	⑫北京市	②河南省	⑫台湾省
③辽宁省	⑬天津市	③安徽省	⑬广东省
④内蒙古自治区		④江苏省	⑭广西壮族自治区
⑤新疆维吾尔自治区		⑤湖北省	
⑥宁夏回族自治区		⑥江西省	⑮海南省
⑦甘肃省		⑦浙江省	⑯云南省
⑧青海省		⑧四川省	⑰西藏自治区
⑨陕西省		⑨贵州省	⑱上海市
⑩山西省		⑩湖南省	⑲重庆市

以是否经抗冻性检验来评定砖的抗风化性能，其规定是：严重风化区中的①、②、③、④、⑤地区的砖，必须进行冻融试验；其他地区砖的抗风化性能，若符合表 12-5 的规定时，可不做冻融试验，否则必须进行冻融试验。需进行抗冻检验的砖，砖样经冻融试验后，每块砖样不允许出现裂纹、分层、掉皮、缺棱、掉角等冻坏现象；质量损失不得大于 2%。

表 12-5　　　　　　　烧结普通砖抗风化性能指标

项目　指标　砖的种类	严重风化区				非严重风化区			
	5h 沸煮吸水率 / (%)，≤		饱和系数，≤		5h 沸煮吸水率 / (%)，≤		饱和系数，≤	
	平均值	单块最大值	平均值	单块最大值	平均值	单块最大值	平均值	单块最大值
黏土砖	18	20	0.85	0.87	19	20	0.88	0.90
粉煤灰砖*	21	23	0.85	0.87	23	25	0.88	0.90
页岩砖	16	18	0.74	0.77	18	20	0.78	0.80
煤矸石砖	16	18	0.74	0.77	18	20	0.78	0.80

* 粉煤灰掺入量（体积比）小于 30% 时，按黏土砖规定判定。

（4）放射性物质。烧结普通砖的放射性物质应符合《建筑材料放射性核素限量》（GB 6566—2010）的规定。否则判为不合格，并停止该产品的生产和销售。

（5）检验规则。按《烧结普通砖》（GB/T 5101—2003）规定的技术要求、试验方法、检验规则进行检验。产品检验分出厂检验和型式检验。出厂检验项目包括尺寸偏差、外观质量和强度等级；型式检验项目包括《烧结普通砖》（GB/T 5101—2003）技术要求的全部项目。

每一批出厂产品的质量等级，按出厂检验项目的检验结果和在时效范围的最近一次型式检验中的抗风化性能、石灰爆裂及泛霜项目中最低质量等级判定。其中有一项不合格，则判为不合格。

每一型式检验的质量等级判定中，强度、抗风化性能和放射性物质合格，按尺寸偏差、外观质量、石灰爆裂、泛霜检验中最低质量等级判定。其中有一项不合格，则判该批产品质量为不合格。

外观质量检验，限在生产厂内进行；若有欠火砖、酥砖和螺旋纹砖，则判该批产品为不合格。

2. 烧结多孔砖和砌块

（1）分类。烧结多孔砖和砌块是以黏土、页岩、煤矸石、粉煤灰、淤泥（江河湖淤泥）及其他固体废弃物等为主要原料，经焙烧制成主要用于建筑物承重部位的多孔砖和多孔砌块。烧结多孔砌块是孔洞率大于或等于 33%，孔的尺寸小而数量多的砌块。主要用于承重部位。

1）按原料分类。按主要原料分为黏土砖和黏土砌块（N）、页岩砖和页岩砌块（Y）、煤矸石砖和煤矸石砌块（M）、粉煤灰砖和粉煤灰砌块（F）、淤泥砖和淤泥砌块（U）、固体废弃物砖和固体废弃物砌块（G）。

2）按强度等级分类。根据抗压强度分为 MU30、MU25、MU20、MU15、MU10 五个强度等级。

3）按密度等级分类。砖的密度等级分为 1000、1100、1200、1300 四个等级。砌块的密度等级分为 900、1000、1100、1200 四个等级。

（2）多孔砖和砌块结构及规格尺寸。

1）砖和砌块的外形一般为直角六面体，在与砂浆的接合面上应设有增加结合力的粉刷槽和砌筑砂浆槽，并符合下列要求：

①粉刷槽。混水墙用砖和砌块，应在条面和顶面上没有均匀分布的粉刷槽或类似结构，深度不小于 2mm。

②砌筑砂浆槽。砌块至少应在一个条面或顶面上设立砌筑砂浆槽。两个条面

或顶面都有砌筑砂浆槽时，砌筑砂浆槽深应大于 15mm 且小于 25mm；只有一个条面或顶面有砌筑砂浆槽时，砌筑砂浆槽深应大于 30mm 且小于 40mm。砌筑砂浆槽宽应超过砂浆槽所在砌块面宽度的 50%。

2）砖和砌块的长度、宽度、高度尺寸应符合下列要求：

①砖规格尺寸（mm）：290、240、190、180、140、115、90。

②砌块规格尺寸（mm）：490、440、390、340、290、240、190、180、140、115、90。

其他规格尺寸由供需双方协商确定。

（3）技术要求。

1）尺寸允许偏差。尺寸允许偏差应符合表 12 - 6 的规定。

表 12 - 6	尺寸允许偏差	（单位：mm）
尺寸	样本平均偏差	样本极差≤
>400	±3.0	10.0
300～400	±2.5	9.0
200～300	±2.5	8.0
100～200	±2.0	7.0
<100	±1.5	6.0

2）外观质量。砖和砌块的外观质量应符合表 12 - 7 的规定。

表 12 - 7	外 观 质 量	（单位：mm）
项　目		指　标
①完整面	不得少于	一条面和一顶面
②缺棱掉角的三个破坏尺寸	不得同时大于	30
③裂纹长度		
a. 大面（有孔面）上深入孔壁 15mm 以上宽度方向及其延伸到条面的长度		80
	不大于	
b. 大面（有孔面）上深入孔壁 15mm 以上长度方向及其延伸到顶面的长度		100
	不大于	
c. 条顶面上的水平裂纹	不大于	100
④杂质在砖或砌块面上造成的凸出高度	不大于	5

注：凡有下列缺陷之一者，不能称为完整面：

1. 缺损在条面或顶面上造成的破坏面尺寸同时大于 20mm×30mm。

2. 条面或顶面上裂纹宽度大于 1mm，其长度超过 70mm。

3. 压陷、焦花、粘底在条面或顶面上的凹陷或凸出超过 2mm，区域最大投影尺寸同时大于 20mm×30mm。

3）密度等级。密度等级应符合表12-8的规定。

表12-8 密 度 等 级 （单位：kg/m³）

密度等级		3块砖或砌块干燥表观密度平均值
砖	砌块	
—	900	≤900
1000	1000	900～1000
1100	1100	1000～1100
1200	1200	1100～1200
1300	—	1200～1300

4）强度等级。强度应符合表12-9的规定。

表12-9 强 度 等 级 （单位：MPa）

强度等级	抗压强度平均值 $f\geqslant$	强度标准值 $f_k\geqslant$
MU30	30.0	22.0
MU25	25.0	18.0
MU20	20.0	14.0
MU15	15.0	10.0
MU10	10.0	6.5

5）孔型孔结构及孔洞率。孔型孔结构及孔洞率应符合表12-10的规定。

表12-10 孔型孔结构及孔洞率

孔型	孔洞尺寸/mm		最小外壁厚 /mm	最小肋厚 /mm	孔洞率/%		孔洞排列
	孔宽度尺寸 b	孔长度尺寸 L			砖	砌块	
矩形条孔或矩形孔	≤13	≤40	≥12	≥5	≥28	≥33	①所有孔宽应相等。孔采用单向或双向交错排列；②孔洞排列上下、左右应对称，分布均匀，手抓孔的长度方向尺寸必须平行于砖的条面

注：1. 矩形孔的孔长 L、孔宽 b 满足式 $L\geqslant3b$ 时，为矩形条孔。

2. 孔四个角应做成过渡调角，不得做成直尖角。

3. 如设有砌筑砂浆槽，则砌筑砂浆槽不计算在孔洞率内。

4. 规格大的砖和砌块应设置手抓孔，手抓孔尺寸为(30～40)mm×(75～85)mm。

6）泛霜。每块砖或砌块不允许出现严重泛霜。

7）石灰爆裂。

① 破坏尺寸大于 2mm 且小于或等于 15mm 的爆裂区域，每组砖和砌块不得多于 15 处。其中大于 10mm 的不得多于 7 处。

② 不允许出现破坏尺寸大于 15mm 的爆裂区域。

8）抗风化性能。

① 严重风化区中的 1、2、3、4、5 地区的砖、砌块和其他地区以淤泥、固体废弃物为主要原料生产的砖和砌块必须进行冻融试验；其他地区以黏土、粉煤灰、页岩、煤矸石为主要原料生产的砖和砌块的抗风化性能符合表 12 - 11 的规定时可不做冻融试验，否则必须进行冻融试验。

表 12 - 11　　　　　　　烧结多孔砖和砌块抗风化性能

种类	项　目							
	严重风化区				非严重风化区			
	5h沸煮吸水率(%)≤		饱和系数≤		5h沸煮吸水率(%)≤		饱和系数≤	
	平均值	单块最大值	平均值	单块最大值	平均值	单块最大值	平均值	单块最大值
黏土砖和砌块	21	23	0.85	0.87	23	25	0.88	0.90
粉煤灰砖和砌块	23	25			30	32		
页岩砖和砌块	16	18	0.74	0.77	18	20	0.78	0.80
煤矸石砖和砌块	19	21			21	23		

注：粉煤灰掺入量（质量比）小于 30% 时按黏土砖和砌块规定判定。

② 15 次冻融循环试验后，每块砖和砌块不允许出现裂纹、分层、掉皮、缺棱掉角等冻坏现象。

9）产品中不允许有欠火砖（砌块）、酥砖（砌块）。

10）放射性核素限量。砖和砌块的放射性核素限量应符合 GB 6566—2010 的规定。

（4）产品进场检验抽样。

1）产品质量文件及贮存运输。

① 产品合格证。产品质量合格证主要内容包括生产厂名、产品标记、批量及编号、证书编号、本批产品实测技术性能和生产日期等，并由检验员和单位签章。

② 贮存。产品存放时，应按品种、规格、颜色分类整齐存放，不得混杂。

③ 运输。在运输装卸时，要轻拿轻放，严禁碰撞、扔掉，禁止翻斗倾卸。

2）产品抽样原则。

① 批量。检验批的构成原则和批量大小按《砌墙砖检验规则》[JC/T 466—1992(1996)]规定。3.5 万～15 万块为一批，不足 3.5 万块按一批计。

② 抽样。

a. 外观质量检验的试样采用随机抽样法，在每一检验批的产品堆垛中抽取。

b. 其他检验项目的样品用随机抽样法从外观质量检验合格的样品中抽取。

c. 抽样数量按表 12 - 12 进行。

表 12 - 12　　　　　　　　　抽 样 数 量

序号	检验项目	抽样数量/块
1	外观质量	$50(n_1 = n_2 = 50)$
2	尺寸允许偏差	20
3	密度等级	3
4	强度等级	10
5	孔型孔结构及孔洞率	3
6	泛霜	5
7	石灰爆裂	5
8	吸水率和饱和系数	5
9	冻融	5
10	放射性核素限量	3

3. 烧结空心砖

烧结空心砖是以黏土、页岩、煤矸石、粉煤灰为主要原料，经焙烧而成的孔洞率不小于 40％、孔的尺寸大而数量少的砖。烧结空心砖多以横孔使用，砌筑非承重墙体。按制砖的主要原料不同，烧结空心砖分为黏土砖、页岩砖、煤矸石砖和粉煤灰砖四类。

（1）规格及孔洞。烧结空心砖的外形为直角六面体，其长度、宽度、高度尺寸，应在以下要求的数值中选取（mm）：390，290，240，190，180（175），140，115，90；其他规格尺寸由供需双方协商确定。应该指出的是，上述尺寸系列是《烧结空心砖和空心砌块》(GB/T 13545—2014)为同时适用于烧结空心砌块而一并规定的。烧结空心砖在选取上列尺寸时，尚应遵守长度小于等于 365mm、宽度小于等于 240mm、高度小于等于 115mm 的规则，若有一项或一项以上超值，即属于烧结空心砌块。

烧结空心砖的孔洞排列及其结构，应符合表 12‑13 的规定。其典型孔洞排列与结构如图 12‑1 所示。

表 12‑13　　　　　　　　　烧结空心砖的孔洞排列及其结构

等级	孔洞排列	孔洞排数/排		孔洞率/%
		宽度方向	高度方向	
优等品	有序交错排列	$b \geqslant 200mm$　　≥7	≥2	≥40
		$b < 200mm$　　≥5		
一等品	有序排列	$b \geqslant 200mm$　　≥5	≥2	
		$b < 200mm$　　≥4		
合格品	有序排列	≥3	—	

注：b 为宽度尺寸。

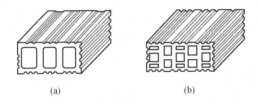

(a)　　　　　　　　　(b)

图 12‑1　烧结空心砖的孔洞排列与结构示例

(a) 方形孔有序排列；(b) 长形、方形孔有序交错排列

（2）强度等级。根据抗压强度，烧结空心砖分为 MU10.0、MU7.5、MU5.0、MU3.5、MU2.5 五个强度等级，各项指标见表 12‑14。

表 12‑14　　　　　　　　　烧结空心砖的强度等级

强度等级	抗压强度/MPa			密度等级范围 / (kg/m³)
	抗压强度 平均值 $\bar{f}$，≥	变异系数 $\delta \leqslant 0.21$ 强度标准值 f_k，≥	变异系数 $\delta > 0.21$ 单块最小抗压强度值 f_{min}，≥	
MU10.0	10.0	7.5	8.0	≤1100
MU7.5	7.5	5.0	5.8	
MU5.0	5.0	3.5	4.0	
MU3.5	3.5	2.5	2.8	
MU2.5	2.5	1.6	1.8	≤800

（3）密度等级。根据体积密度，烧结空心砖分为 800 级、900 级、1000 级、1100 级四个密度等级，见表 12‑15。

表 12-15 烧结空心砖的密度等级 （单位：kg/m³）

密度等级	五块试样密度平均值	密度等级	五块试样密度平均值
800	≤800	1000	901～1000
900	801～900	1100	1001～1100

（4）质量等级。强度、密度、抗风化性能和放射性物质合格的烧结空心砖，根据尺寸偏差、外观质量、孔洞排列及其结构、泛霜、石灰爆裂、吸水率，分为优等品、一等品、合格品三个质量等级。

烧结空心砖的尺寸允许偏差应符合表 12-16 的规定，外观质量应符合表 12-17 的规定，孔洞排列及其结构的规定见前述表 12-13。

表 12-16 烧结空心砖的尺寸允许偏差 （单位：mm）

尺　寸	优等品		一等品		合格品	
	样本平均偏差	样本极差，≤	样本平均偏差	样本极差，≤	样本平均偏差	样本极差，≤
＞300	±2.5	6.0	±3.0	7.0	±3.5	8.0
＞200～300	±2.0	5.0	±2.5	6.0	±3.0	7.0
100～200	±1.5	4.0	±2.0	5.0	±2.5	6.0
＜100	±1.5	3.0	±1.7	4.0	±2.0	5.0

表 12-17 烧结空心砖的外观质量 （单位：mm）

项　目		优等品	一等品	合格品
弯曲	≤	3	4	5
缺棱掉角的三个破坏尺寸，不得同时	＞	15	30	40
垂直度差	≤	3	4	5
未贯穿裂纹长度	大面上宽度方向及其延伸到条面的长度 ≤	不允许	100	120
	大面上长度方向或条面上水平面方向的长度 ≤	不允许	120	140
贯穿裂纹长度	大面上宽度方向及其延伸到条面的长度 ≤	不允许	40	60
	壁、肋沿长度方向、宽度方向及其水平方向的长度 ≤	不允许	40	60
肋、壁内残缺长度	≤	不允许	40	60
完整面①	不少于	一条面和一大面	一条面或一大面	—

①凡有下列缺陷之一者，不能称为完整面：a. 缺损在大面、条面上造成的破坏面尺寸同时大于 20mm×30mm；b. 大面、条面上裂纹宽度大于 1mm，其长度超过 70mm；c. 压陷、粘底、焦花在大面、条面上的凹陷或凸出超过 2mm，区域尺寸同时大于 20mm×30mm。

178

烧结空心砖对泛霜、石灰爆裂的要求与前述烧结普通砖的规定相同；对吸水率的要求见表 12 - 18。

表 12 - 18　　　　　　　　　　　**烧结空心砖的吸水率**　　　　　　　　（单位：%）

砖的种类	吸水率，≤		
	优等品	一等品	合格品
黏土砖、页岩砖、煤矸石砖	16.0	18.0	20.0
粉煤灰砖①	20.0	22.0	24.0

① 粉煤灰掺入量（体积比）小于 30% 时，按黏土砖规定判定。

（5）抗风化性能。烧结空心砖的抗风化性能，仍按表 12 - 19 划分的风化区不同，作出是否经抗冻性检验的规定：对于严重风化区中的 1、2、3、4、5 地区的砖，必须做冻融试验；其他地区砖的抗风化性能，若能符合表 12 - 19 的规定时，可不做冻融试验，否则必须做冻融试验。

表 12 - 19　　　　　　　　　　　**烧结空心砖的抗风化性能**　　　　　　　（单位：mm）

砖的种类	饱和系数，≤			
	严重风化区		非严重风化区	
	平均值	单块最大值	平均值	单块最大值
黏土砖、粉煤灰砖	0.85	0.87	0.88	0.90
页岩砖、煤矸石砖	0.74	0.77	0.78	0.80

进行抗冻性检验的砖，经冻融试验后，每块砖样不允许出现分层、掉皮、缺棱掉角等冻坏现象；冻后裂纹长度，不应超过表 12 - 17 中对于裂纹长度的限定。

（6）放射性物质。原料中掺入煤矸石、粉煤灰及其他工业废渣的烧结空心砖，应进行放射性物质检测，放射性物质应符合《建筑材料放射性核素限量》（GB 6566—2010）的规定。

（7）检验规则。烧结空心砖产品的检验，按《烧结空心砖和空心砌块》（GB/T 13545—2014）规定的技术要求、试验方法和检验规则进行，分为出厂检验和型式检验两种。出厂检验项目，包括尺寸偏差、外观质量、强度等级和密度等级。型式检验项目，包括《烧结空心砖和空心砌块》（GB/T 13545—2014）技术要求的全部项目。

出厂检验质量等级的判定，按出厂检验项目和在时效范围内最近一次型式检验中的孔洞排列及其结构、石灰爆裂、泛霜、抗风化性能等项目中最低质量等级进行判定。其中，有一项不符合标准要求，则判该批产品不合格。

型式检验质量等级的判定，按尺寸偏差、外观质量、孔洞排列及其结构、泛霜、石灰爆裂、吸水率检验中最低质量等级判定。其中，有一项不符合标准要求，则判该批产品不合格。

外观检验的样品中有欠火砖、酥砖，则判该批产品不合格。

4. 蒸压灰砂砖

利用天然粉砂和石灰加水混拌，压制成型，在高压蒸汽的作用下硬化而成的砖，称作蒸压灰砂砖，常简称为灰砂砖。

灰砂砖根据浸水 24h 后的抗压强度和抗折强度，分为 MU25、MU20、MU15、MU10 四个强度级别，各项强度指标，见表 12 - 20。MU15 级以上的灰砂砖，可用于基础及其他建筑部位。MU10 级灰砂砖，可用于防潮层以上的建筑部位。长期受高于 200℃温度、急冷急热或有酸性介质侵蚀的建筑部位，不得使用灰砂砖。

表 12 - 20　　　　　　　　　蒸压灰砂砖的强度指标　　　　　　　（单位：MPa）

强度级别	抗压强度		抗折强度	
	平均值不小于	单块值不小于	平均值不小于	单块值不小于
MU25	25.0	20.0	5.0	4.0
MU20	20.0	16.0	4.0	3.2
MU15	15.0	12.0	3.3	2.6
MU10	10.0	8.0	2.5	2.0

注：优等品的强度级别不得小于 MU15。

蒸压灰砂砖的外形为直角六面体，公称尺寸为 240mm×115mm×53mm；按产品尺寸偏差、外观质量、强度及抗冻性，分为优等品、一等品、合格品三个产品等级。外观质量指标，见表 12 - 21。

表 12 - 21　　　　　　　　　蒸压灰砂砖的外观指标　　　　　　　　（单位：mm）

项　目	指　标		
	优等品	一等品	合格品
尺寸允许偏差：			
长度 L	±2		
宽度 B	±2	±2	±3
高度 H	±1		
对应高度差　　　≤	1	2	3

项　目		指　标		
		优等品	一等品	合格品
缺棱掉角：				
个数，个	≤	1	1	2
最大尺寸	≤	10	15	25
最小尺寸	≤	5	10	10
裂缝长度：				
条数，条	≤	1	1	2
大面上宽度方向及其延伸到条面上的长度	≤	20	50	70
大面上长度方向及其延伸到顶面上的长度或条、顶面水平裂纹的长度	≤	30	70	100

　　蒸压灰砂砖的抗冻性指标是在规定的 15 次冻融循环试验后，单块砖样的干质量损失不得大于 2.0%；同时，要求冻后砖样的抗压强度平均值，MU25 级砖不小于 20.0MPa，MU20 级砖不小于 16.0MPa，MU15 级砖不小于 12.0MPa，MU10 级砖不小于 8.0MPa。

　　蒸压灰砂砖产品检验，按《蒸压灰砂砖》(GB 11945—1999) 规定的技术要求、试验方法和检验规则进行。

　　5. 粉煤灰砖

　　粉煤灰砖是以粉煤灰、石灰为主要原料，掺加适量石膏和骨料，经坯料制备、压制成型、高压或常压蒸汽养护而成。粉煤灰砖可用于一般的工业与民用建筑的墙体和基础。但用于基础或用于易受冻融作用和干湿交替作用的建筑部位，必须使用一等砖和优等砖。长期受热高于 200℃，受急冷急热交替作用或有酸性侵蚀的部位，不得使用粉煤灰砖。

　　粉煤灰砖按抗压强度和抗折强度指标，划分为 MU30、MU25、MU20、MU15、MU10 五个强度等级，见表 12-22。粉煤灰砖按外观质量、强度、抗冻性和干燥收缩，分为优等品、一等品、合格品三个产品等级。外观质量指标，见表 12-23。

　　粉煤灰砖的抗冻性，经规定的冻融试验后，各级砖的抗压强度平均值，不低于以下标准：MU30 级为 24.0MPa，MU25 级为 20.0MPa，MU20 级为 16.0MPa，MU15 级为 12.0MPa，MU10 级为 8.0MPa；同时，各级砖的干质量损失以单块值计，不大于20%。

表 12 - 22   **粉煤灰砖强度指标**   （单位：MPa）

强度等级	抗压强度		抗折强度	
	10块平均值不小于	单块值不小于	10块平均值不小于	单块值不小于
MU30	30.0	24.0	6.2	5.0
MU25	25.0	20.0	5.0	4.0
MU20	20.0	16.0	4.0	3.2
MU15	15.0	12.0	3.3	2.6
MU10	10.0	8.0	2.5	2.0

注：强度级别以蒸压养护后1d的强度为准。

表 12 - 23   **粉煤灰砖的外观质量**   （单位：mm）

项 目	指 标		
	优等品	一等品	合格品
尺寸允许偏差：			
长	±2	±3	±4
宽	±2	±3	±4
高	±1	±2	±3
对应高度差，不大于	1	2	3
每一块棱掉角的最小破坏尺寸，不大于	10	15	25
完整面，不少于	二条面和一顶面或二顶面和一条面	一条面和一顶面	一条面和一顶面
裂纹长度，不大于 ① 大面上宽度方向的裂纹（包括延伸到条面上的长度） ② 其他裂纹	30 50	50 70	70 100
层裂	不允许		

注：在条面或顶面上破坏面的两个尺寸，同时大于10mm和20mm者，为非完整面。

    粉煤灰砖的干燥收缩值，按规定方法检验，优等品和一等品应不大于0.60mm/m；合格品应不大于0.75mm/m。粉煤灰砖的碳化系数按规定方法检验，应大于等于0.8。

二、砌块

砌块是比砖大的砖用人造块材，外形多为直角六面体，也有各种异形的砌块。砌块系列中主规整的长度、宽度或高度，有一顶或一顶以上分别大于365mm、240mm 或 115mm，但高度不大于长度或宽度的 6 倍，长度不超过高度的 3 倍。按砌块系列中主规格高度划分，150～380mm 的为小型砌块，380～980mm 的为中型砌块，大于 980mm 的为大型砌块。按砌块的孔洞率划分，大于25％的为空心砌块，25％以下为实心砌块。

区别砌块的品种，除名称中注明大、中、小型和空心、实心外，尤其要冠以所用原材料和工艺类别。

1. 混凝土小型空心砌块

混凝土小型空心砌块是指以水泥混凝土、硅酸盐混凝土制造，主规格高度大于 115mm 且小于 380mm，空心率大于或等于 25％的砌块。

墙体用的混凝土小型空心砌块，按其形状和用途的不同，可分为结构型砌块、构造型砌块、装饰砌块和功能砌块等。列举其典型者如图 12 - 2 所示。

（1）普通混凝土小型空心砌块。普通混凝土小型空心砌块属承重的结构型砌块。《普通混凝土小型砌块》（GB/T 8239—2014）中规定，普通混凝土小型空心砌块的主规格为 390mm×190mm×190mm；空心率应不小于 25％；最小外壁厚应不小于 30mm，最小肋厚应不小于 25mm；尺寸允许偏差及外观质量见表12 -24。

表 12 - 24　　　普通混凝土小型空心砌块的尺寸偏差及外观质量

项　　目		优等品	一等品	合格品
尺寸允许偏差：				
长度/mm		±2	±3	±3
宽度/mm		±2	±3	±3
高度/mm		±2	±3	+3，－4
外观质量：				
弯曲/mm	≤	2	2	3
缺棱掉角：				
按三个方向投影尺寸的最小值/mm	≤	20	30
缺棱掉角的个数/个	≤	0	2	2
裂纹延伸的投影尺寸累积/mm	≤	0	20	30

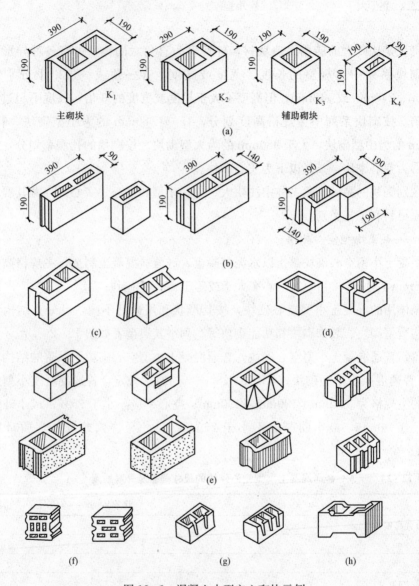

图12-2 混凝土小型空心砌块示例

（a）承重墙用砌块；（b）非承重墙用砌块；（c）门窗框用砌块；（d）柱用砌块；

（e）装饰砌块；（f）绝热砌块；（g）吸声砌块；（h）抗震砌块

  普通混凝土小型空心砌块的强度等级，按表12-25规定的指标划分为六级。表中砌块抗压强度，是按《混凝土砌块和砖试验方法》（GB/T 4111—2013）规定的试验方法，测定一组五块试件的抗压强度，其值是以试块的毛面积计。

表 12 - 25　　　　　　　普通混凝土小型空心砌块的强度等级

强度等级	砌块抗压强度/MPa		强度等级	砌块抗压强度/MPa	
	平均值不小于	单块最小值不小于		平均值不小于	单块最小值不小于
MU3.5	3.5	2.8	MU10.0	10.0	8.0
MU5.0	5.0	4.0	MU15.0	15.0	12.0
MU7.5	7.5	6.0	MU20.0	20.0	16.0

因砌块对含水率变化敏感，致使其体积变化显著，产品标准中按使用地区所处环境的湿度不同，提出试块出厂的相对含水率指标，见表 12 - 26。

表 12 - 26　　　　　　　普通混凝土小型空心砌块的相对含水率

使用地区（年平均相对湿度）	潮湿（>75%）	中等（50%~75%）	干燥（<50%）
相对含水率（%）　不大于	45	40	35

标准对砌块抗渗性和抗冻性的规定为：用于清水墙时砌块应保证的抗渗性；按《混凝土砌块和砖试验方法》(GB/T 4111—2013) 中规定的方法，对一组三块试样检测，其水面下降高度，均不得大于 10mm。对于采暖地区，指最冷月份的平均气温低于或等于−5℃的地区，保证砌块的抗冻性指标：若处于一般环境为 F15，若处于干湿交替环境为 F25，其强度损失小于等于 25%，质量损失小于等于 5%。

（2）轻骨料混凝土小型空心砌块。轻骨料混凝土小型空心砌块是用轻骨料混凝土制成的小型空心砌块。轻骨料混凝土是由轻粗骨料、轻砂（或普通砂）、水泥和水等原材料配制而成的干表观密度不大于 1950kg/m³ 的混凝土。轻骨料的最大粒径不宜大于 9.5mm。

1）分类。按砌块孔的排数分类为：单排孔、双排孔、三排孔、四排孔等；按砌块密度等级分为八级：700、800、900、1000、1100、1200、1300、1400；按砌块强度等级分为五级：MU2.5、MU3.5、MU5.0、MU7.5、MU10.0。

2）技术要求。

①尺寸偏差和外观质量。尺寸偏差和外观质量应符合表 12 - 27 的要求。

表 12 - 27   尺寸偏差和外观质量

项　　目		指标
尺寸偏差/mm	长度	±3
	宽度	±3
	高度	±3
最小外壁厚/mm	用于承重墙体　≥	30
	用于非承重墙体　≥	20
肋厚/mm	用于承重墙体　≥	25
	用于非承重墙体　≥	20
缺棱掉角	个数/块　≤	2
	三个方向投影的最大值/mm　≤	20
裂缝延伸的累计尺寸/mm	≤	30

② 密度等级。密度等级应符合表 12 - 28 的要求。

表 12 - 28   **密 度 等 级**   （单位：kg/m³）

密度等级	干表观密度范围	密度等级	干表观密度范围
700	≥610，≤700	1100	≥1010，≤1100
800	≥710，≤800	1200	≥1110，≤1200
900	≥810，≤900	1300	≥1210，≤1300
1000	≥910，≤1000	1400	≥1310，≤1400

③强度等级。强度等级划分为五级，见表 12 - 28。同一强度等级砌块的抗压强度和密度等级范围应同时满足表 12 - 29 的要求。

表 12 - 29   **强 度 等 级**

强度等级	抗压强度/MPa		密度等级范围 /（kg/m³）
	平均值	最小值	
MU2.5	≥2.5	≥2.0	≤800
MU3.5	≥3.5	≥2.8	≤1000
MU5.0	≥5.0	≥4.0	≤1200
MU7.5	≥7.5	≥6.0	≤1200
			≤1300
MU10.0	≥10.0	≥8.0	≤1200
			≤1400

④吸水率、干缩率和相对含水率：吸水率应不大于 18％。干燥收缩率应不大于 0.065％。相对含水率应符合表 12-30 的规定。

表 12-30 相 对 含 水 率

干燥收缩率	相对含水率（％）		
（％）	潮湿地区	中等湿度地区	干燥地区
＜0.03	≤45	≤40	≤35
≥0.03，≤0.045	≤40	≤35	≤30
＞0.045，≤0.065	≤35	≤30	≤25

⑤碳化系数和软化系数。碳化系数应不小于 0.8；软化系数应不小于 0.8。

⑥抗冻性。抗冻性应符合表 12-31 的要求。

表 12-31 抗 冻 性

环境条件	抗冻等级	质量损失率/％	强度损失率/％
温和与夏热冬暖地区	F15	≤5	≤25
夏热冬冷地区	F25		
寒冷地区	F35		
严寒地区	F50		

注：环境条件应符合《民用建筑热工设计规范》（GB 50176—2016）的规定。

⑦放射性核素限量。砌块的放射性核素限量应符合《建筑材料放射性核素限量》（GB 6566—2010）的规定。

3）产品进场与运输贮存。

①砌块应在厂内养护 28d 龄期后方可出厂。

②产品质量证明文件。砌块出厂时，生产厂应提供产品质量合格证书，其内容包括：

a. 厂名与商标；

b. 合格证编号及生产日期；

c. 产品标记；

d. 性能检验结果；

e. 批次编号与砌块数量（块）；

f. 检验部门与检验人员签字盖章。

③运输与贮存。

a. 砌块应按类别、密度等级和强度等级分批堆放；

b. 砌块装卸时，严禁碰撞、扔摔，应轻码轻放，不许用翻斗车倾卸；

c. 砌块堆放和运输时应有防雨、防潮和排水措施。

4）产品检验。

①组批规则。砌块按密度等级和强度等级分批验收。以同一品种轻骨料和水泥按同一生产工艺制成的相同密度等级和强度等级的 300m³ 砌块为一批；不足 300m³ 者亦按一批计。

②抽样规则。每批随机抽取 32 块做尺寸偏差和外观质量检验；再从尺寸偏差和外观质量检验合格的砌块中，随机抽取如下数量进行以下项目的检验：

a. 强度：5 块；

b. 密度、吸水率和相对含水率：3 块。

（3）粉煤灰混凝土小型空心砌块。粉煤灰混凝土小型空心砌块，是以水泥和高掺量粉煤灰为胶凝材料，采用轻质或重质的骨料，有时加入外加剂，经计量配料、加水搅拌、压力成型、蒸汽养护制成。砌块的主规格为 390mm×190mm× 190mm；最小外壁厚不应小于 20mm，肋厚不应小于 15mm。这与普通混凝土小型空心砌块相比，主规格相同，肋、壁的厚度各减薄 10mm。

粉煤灰混凝土小型空心砌块，按尺寸偏差和外观质量分为优等品、一等品和合格品三个等级。所提出的项目和指标，除砌块的弯曲：一等品小于等于 3mm、优等品小于等于 4mm 不同外，其他与普通混凝土小型空心砌块的要求相同。可参见表 12 - 32 进行对照和查用。

表 12 - 32 　　　　　　　　　蒸压灰砂砖的外观指标 　　　　　　　（单位：mm）

项　　目		指　标		
		优等品	一等品	合格品
尺寸允许偏差：				
长度 L		±2		
宽度 B		±2	±2	±3
高度 H		±1		
对应高度差	≤	1	2	3
缺棱掉角				
个数，个	≤	1	1	2
最大尺寸	≤	10	15	25
最小尺寸	≤	5	10	10

续表

项　目		指　标		
		优等品	一等品	合格品
裂缝长度：				
条数，条	≤	1	1	2
大面上宽度方向及其延伸到条面上的长度	≤	20	50	70
大面上长度方向及其延伸到顶面上的长度或条、顶面水平裂纹的长度 ≤		30	70	100

粉煤灰混凝土小型空心砌块的强度等级与普通混凝土小型空心砌砖在强度等级相同，按表 12-33 规定的抗压强度指标划分为六级。

表 12-33　　　　　　　　　　粉煤灰砖强度指标　　　　　　　　（单位：MPa）

强度等级	抗压强度		抗折强度	
	10 块平均值不小于	单块值不小于	10 块平均值不小于	单块值不小于
MU30	30.0	24.0	6.2	5.0
MU25	25.0	20.0	5.0	4.0
MU20	20.0	16.0	4.0	3.2
MU15	15.0	12.0	3.3	2.6
MU10	10.0	8.0	2.5	2.0

注：强度级别以蒸压养护后 1d 的强度为准。

粉煤灰混凝土小型空心砌块的其他技术要求有：碳化系数应不小于 0.80；干燥收缩率，应小于等于 0.60mm/m；抗冻性，对采暖地区处于一般环境为 F15、处于干湿交替环境为 F25，强度损失应小于等于 25%、质量损失应小于等于 5%；软化系数应大于等于 0.80；放射性应符合《建筑材料放射性核素限量》（GB 6566—2010）的规定。

粉煤灰混凝土小型空心砌块可用于承重、非承重和保温三大方面，要根据其材质和各项性能的不同合理选用。采用重质骨料，如砂、石子、重矿渣等制造的砌块，表观密度一般在 1000～1250kg/m³ 之间，其强度等级大于等于 MU5.0 时，适用于单层或多层建筑的承重墙；以陶粒、浮石、自燃煤矸石等轻质骨料制造的砌块，其表观密度在 750～900kg/m³ 之间，强度等级达到 MU2.5、MU3.5 或 MU5.0 时，适用于框架结构填充墙或自承重的隔墙；以超轻骨料，如膨胀胅珠岩、聚苯乙烯颗粒等制造的砌块，其表观密度在 750kg/m³ 以下，强度等级达 MU2.5 和 MU3.5，被称为保温砌块，适合外墙、屋面等围护结构的绝热层使用。

189

2. 蒸压加气混凝土砌块

蒸压加气混凝土砌块，是表观密度 800kg/m³ 以下、最高公称强度 10MPa 的多孔轻质混凝土制品，可砌筑墙体及绝热使用。现行国家标准《蒸压加气混凝土砌块》(GB 11968—2006)，对蒸压加气混凝土砌块产品作出全面规定。

蒸压加气混凝土砌块的公称尺寸，长度为 600mm，高度有 200mm、240mm、250mm 和 300mm，宽度有 100mm、120mm、125mm、150mm、180mm、200mm、240mm、250mm、300mm。但该砌块的制作尺寸，宽度按公称宽度，高度和长度都按各自的公称尺度减 10mm。购货单位需要其他规格的砌块，可与生产厂协商确定。

蒸压加气混凝土砌块，强度级别有 A1.0、A2.0、A2.5、A3.5、A5.0、A7.5、A10.0 七个；干密度级别有 B03、B04、B05、B06、B07、B08 六个；产品等级有优等品（A）、合格品（B）两个等级。蒸压加气混凝土砌块的抗压强度，应符合表 12-34 的规定；强度级别，应符合表 12-35 的规定；干密度应符合表 12-36 的规定；尺寸偏差和外观质量应符合表 12-37 的规定；干燥收缩、抗冻性和导热系数，应符合表 12-38 的规定。

表 12-34 蒸压加气混凝土砌块的抗压强度 （单位：MPa）

强度级别	立方体抗压强度		强度级别	立方体抗压强度	
	平均值不小于	单组最小值不小于		平均值不小于	单组最小值不小于
A1.0	1.0	0.8	A5.0	5.0	4.0
A2.0	2.0	1.6	A7.5	7.5	6.0
A2.5	2.5	2.0	A10.0	10.0	8.0
A3.5	3.5	2.8			

表 12-35 蒸压加气混凝土砌块的强度级别

体积密度级别		B03	B04	B05	B06	B07	B08
强度级别	优等品（A）	A1.0	A2.0	A3.5	A5.0	A7.5	A10.0
	合格品（B）			A2.5	A3.5	A5.0	A7.5

表 12-36 蒸压加气混凝土砌块的干密度 单位：kg/m³

干密度级别		B03	B04	B05	B06	B07	B08
干密度	优等品（A），≤	300	400	500	600	700	800
	合格品（B），≤	325	425	525	625	725	825

表 12 - 37 蒸压加气混凝土砌块的尺寸允许偏差和外观

项 目			指 标	
			优等品（A）	合格品（B）
尺寸允许偏差/mm	长度	L	±3	±4
	宽度	B	±2	±2
	高度	H	±2	±2
缺棱掉角	大于以上尺寸的缺棱掉角个数不多于/个		0	2
	最大尺寸不得大于/mm		0	70
	最小尺寸不得大于/mm		0	30
平面弯曲			不允许	
裂纹	大于以上尺寸的裂纹条数不多于/条		0	2
	任一面上的裂纹长度不得大于裂纹方向尺寸的		0	1/2
	贯穿一棱二面的裂纹长度不得大于裂纹所在面的裂纹方向尺寸总和的		0	1/3
爆裂和损坏深度不得大于/mm			10	30
表面疏松、层裂			不允许	
表面油污			不允许	

表 12 - 38 蒸压加气混凝土砌块的三项性能指标

体积密度级别		B03	B04	B05	B06	B07	B08
干燥收缩值[1]	标准法 mm/m，≤	0.50					
	快速法 mm/m，≤	0.80					
抗冻性	质量损失（%），≤	5.0					
	冻后强度/MPa，≥ 优等品(A)	0.8	1.6	2.8	4.0	6.0	8.0
	合格品(B)	0.8	1.6	2.0	2.8	4.0	6.0
导热系数(干态)/[W/(m·K)]，≤		0.10	0.12	0.14	0.16	0.18	0.20

[1] 规定采用标准法、快速法测定砌块干燥收缩值，若测定结果发生矛盾不能判定时，则以标准法测定的结果为准。

干表观密度 500kg/m³、强度 3.5 级的蒸压加气混凝土砌块，可用于三层以下、总高度不超过 10m 的横墙承重房屋；干表观密度 700kg/m³、强度 5.0 级的砌块，可用于五层以下、总高度不超过 16m 的横墙承重房屋。采用横墙承重的结构方案，横墙间距不宜超过 4.2m，尽可能使横墙对正贯通，每层应设置现浇钢筋混凝土圈梁，以保证房屋有较好的空间整体刚度。

建筑物的基础，处于浸水、高湿和化学侵蚀环境，承重制品表面温度高于80℃的部位，均不得采用加气混凝土砌块。加气混凝土外墙面，应做饰面防护措施。

3. 粉煤灰砌块

粉煤灰砌块，是以粉煤灰、石灰、石膏和骨料等为原料，加水搅拌、振动成型、蒸汽养护而制成的密实砌块。粉煤灰块的主规格外形尺寸为 880mm×380mm×240mm 和 880mm×430mm×240mm。砌块端面应加灌浆槽，坐浆面宜设抗剪槽。砌块的强度等级，按其立方体试件的抗压强度，分为 10 级和 13 级。砌块按外观质量、尺寸偏差和干缩性能，分为一等品（B）及合格品（C）。

粉煤灰砌块的抗压强度、碳化后强度、抗冻性能和密度，应符合表 12 - 39 的规定；外观质量和尺寸允许偏差，应符合表 12 - 40 的规定。砌块的干缩性能，以干缩值为指标，一等品不大于 0.75mm/m；合格品不大于 0.90mm/m。

表 12 - 39　　　　　　　　　　粉煤灰砌块的性能

项　目	指　标	
	10 级	13 级
抗压强度/MPa	3 块试件平均值不小于 10.0，单块最小值 8.0	3 块试件平均值不小于 13.0，单块最小值 10.5
人工碳化后强度/MPa	不小于 6.0	不小于 7.5
密度/（kg/m³）	不超过产品密度 10%	
抗冻性	冻融循环结束后，外观无明显疏松、剥落或裂缝；强度损失不大于 20%	

表 12 - 40　　　　　　　粉煤灰砌块的外观质量和尺寸允许偏差　　　　　　（单位：mm）

项　目		指　标	
		一等品（B）	合格品（C）
外观质量	表面疏松	不允许	
	贯穿面棱的裂缝	不允许	
	任一面上的裂缝长度，不得大于裂缝方向砌块尺寸的	1/3	
	石灰团、石膏团	直径大于 5 的，不允许	
	粉煤灰团、空洞和爆裂	直径大于 30 的，不允许	直径大于 50 的，不允许
	局部突起高，≤	10	15
	翘曲，≤	6	8
	缺棱掉角在长、宽、高三个方向上投影的最大值，≤	30	50

续表

项　　目		指　　标	
		一等品（B）	合格品（C）
外观质量	高低差 长度方向	6	8
	高低差 宽度方向	4	6
尺寸允许偏差	长度	+4，−6	+5，−10
	高度	+4，−6	+5，−10
	宽度	±3	±6

　　粉煤灰砌块按《粉煤灰混凝土小型空心砌块》（JC/T 862—2008）规定的方法和规则，进行检验和评定。

三、墙体用板材

　　建筑板材作为新型墙体材料，主要分为轻质板材类（平板和条板）与复合板类（外墙板、内隔墙板、外墙内保温板和外墙外保温板），常用的板材产品有纸面石膏板、玻璃纤维增强水泥轻质多孔隔墙条板、金属面聚苯乙烯夹芯板、纤维增强低碱度水泥建筑平板、蒸压加气混凝土板等。

　　1. 纸面石膏板

　　纸面石膏板具有轻质、较高的强度、防火、隔声、保温和低收缩率等物理性能，而且还具有可锯、可刨、可钉、可用螺钉紧固等良好的加工使用性能。

　　（1）分类及主要质量指标。纸面石膏板按其用途可分为：普通纸面石膏板、耐水纸面石膏板、耐火纸面石膏板以及耐水耐火纸面石膏板四种。

　　普通纸面石膏板是以建筑石膏为主要原料，掺入适量纤维增强材料和外加剂等，在与水搅拌后，浇注于护面纸的面纸与背纸之间，并与护面纸牢固地粘结在一起的建筑板材。若在板芯配料中加入防水、防潮外加剂，并用耐水护面纸，即可制成耐水纸面石膏板；若在板芯配料中加入无机耐火纤维增强材料，构成耐火芯材，即可制成耐火纸面石膏板。

　　纸面石膏板的主要质量指标有外观质量、尺寸偏差、对角线长度差、楔形棱边断面尺寸、断裂荷载、护面纸与石膏芯的粘结、吸水率、表面吸水量等。

　　（2）规格尺寸。纸面石膏板的公称长度为 1500mm、1800mm、2100mm、2400mm、2440mm、2700mm、3000mm、3300mm、3600mm 和 3660mm。

纸面石膏板的公称宽度为 600mm、900mm、1200mm 和 1220mm。

纸面石膏板的公称厚度为 9.5mm、12.0mm、15.0mm、18.0mm、21.0mm 和 25.0mm。

（3）外观质量。纸面石膏板表面平整，不应有影响使用的破损、波纹、沟槽、污痕、亏料、漏料和划伤等缺陷。

（4）尺寸偏差。纸面石膏板的尺寸偏差应不大于表 12-41 的规定。

表 12-41 　　　　　　　　　　纸面石膏板尺寸偏差 　　　　　　　（单位：mm）

项目	长度	宽度	厚度	
			9.5	≥12.0
尺寸偏差	−6～0	−5～0	±0.5	±0.6

2. 玻璃纤维增强水泥轻质多孔隔墙条板

玻璃纤维增强水泥轻质多孔隔墙条板（俗称 GRC 条板）是以水泥为胶凝材料，以玻璃纤维为增强材料，外加细骨料和水，经过不同生产工艺而形成的一种具有若干个圆孔的条形板，具有轻质、高强、隔热、可锯、可钉、施工方便等优点。

GRC 轻质多孔隔墙条板的型号按板的厚度分为 90 型、120 型，按板型分为普通板、门框板、窗框板、过梁板。GRC 轻质多孔隔墙条板可采用不同企口和开孔形式，但均应符合表 12-42 的要求。

表 12-42 　　　　　　　　　　产品型号及规格尺寸 　　　　　　　（单位：mm）

型号	长度 (L)	宽度 (B)	厚度 (T)	接缝槽深 (a)	接缝槽宽 (b)	壁厚 (c)	孔间肋厚 (d)
90	2500～3000	600	90	2～3	20～30	≥10	≥20
120	2500～3500	600	120	2～3	20～30	≥10	≥20

轻质多孔隔墙条板的尺寸偏差应符合表 12-43 的要求。

表 12-43 　　　　　　　　　　尺寸偏差允许值 　　　　　　　（单位：mm）

项目	长度	宽度	厚度	侧向弯曲	板面平整度	对角线差	接缝槽宽	接缝槽深
一等品	±3	±1	±1	≤1	≤2	≤10	+2	+0.5
合格品	±5	±2	±2	≤2	≤2	≤10	0	0

3. 金属面聚苯乙烯夹芯板

金属面聚苯乙烯夹芯板是以阻燃型聚苯乙烯泡沫塑料作芯材，以彩色涂层钢板为面材，用胶粘剂复合而成的金属夹芯板（简称夹芯板）。具有保温隔热性能好、重量轻、机械性能好、外观美观、安装方便等特点。适合于大型公共建筑，如车库、大型厂房、简易房等，所用部位主要是建筑物的绝热屋顶和墙壁。

（1）规格尺寸。金属夹芯板的规格尺寸应符合表 12-44 的要求。

表 12-44　　　　　　　　　金属夹芯板规格尺寸　　　　　　（单位：mm）

厚度	50	75	100	150	200	250
宽度	1150、1200					
长度	≤12 000					

（2）外观质量。金属夹芯板的外观质量应符合表 12-45 的要求。

表 12-45　　　　　　　　　金属夹芯板外观质量

项 目	质 量 要 求
板面	板面平整、色泽均匀，无明显凹凸、翘曲、变形
表面	表面清洁、无胶痕与油污
缺陷	除卷边与切割边外，其余板面无明显划痕、磕碰、伤痕等
切口	切口平直，板边缘无明显翘角、脱胶与波浪形，面板宜向内弯包
芯板	芯板切面应整齐，无大块剥落，块与块之间接缝无明显间隙

（3）尺寸允许偏差。金属夹芯板的尺寸允许偏差应符合表 12-46 的要求。

表 12-46　　　　　　　　金属夹芯板尺寸允许偏差　　　　　（单位：mm）

项目	长度		宽度	厚度	对角线差	
	≤3000	>3000			≤6000	>6000
允许偏差	±3	±5	±2	±2	≤4	≤6

（4）面密度。金属夹芯板的面密度应符合表 12-47 的要求。

表 12-47　　　　　　　　　金属夹芯板面密度允许值

板厚度/mm 面材厚度/mm	面密度/（kg/m²），≥					
	50	75	100	150	200	250
0.5	9.0	9.5	10.0	10.5	11.5	12.5
0.6	10.5	11.0	11.5	12.0	13.0	14.0

4. 蒸压加气混凝土板

（1）品种及规格。蒸压加气混凝土板的品种有屋面板、外墙板、隔墙板等。加气混凝土墙板的规格见表12-48。

表 12-48　　　　　　　　　加气混凝土墙板规格　　　　　　　（单位：mm）

品种	代号	产品公称尺寸			产品制作尺寸			槽	
		长度 L	宽度 B	厚度 D	长度 L₁	宽度 B₁	厚度 D₁	高度 h	宽度 d
屋面板	JWB	1800～6000	500 600	150、170、180、200、240、250	$L-20$	$B-2$	D	40	15
外墙板	JQB	1500～6000	500 600	150、170、180、200、240、250	竖向：L 横向：$L-20$	$B-2$	D	30	30
隔墙板	JGB	按设计要求	500 600	75、100、120	按设计要求	$B-2$	D	—	—

（2）等级。蒸压加气混凝土板按加气混凝土干体积密度分为05、06、07、08级。蒸压加气混凝土板按尺寸允许偏差和外观，分为优等品（A）、一等品（B）和合格品（C）三个等级。

（3）加气混凝土墙板外观和尺寸允许偏差。加气混凝土墙板外观和尺寸允许偏差应符合表12-49的要求。

表 12-49　　　　　　加气混凝土墙板的外观规定和尺寸允许偏差　　　　（单位：mm）

项目	基本尺寸		允许偏差		
			优等品（A）	一等品（B）	合格品（C）
尺寸	长度 L	按制作尺寸	±4	±5	±7
	宽度 B	按制作尺寸	+2 −4	+2 −5	+2 −6
	厚度 D	按制作尺寸	±2	±3	±4
	槽	按制作尺寸	−0 +5	−0 +5	−0 +5
	侧向弯曲		$L_1/1000$	$L_1/1000$	$L_1/750$
	对角线差		$L_1/600$	$L_1/600$	$L_1/500$
	表面平整		5	5	5

续表

项目		基本尺寸	允许偏差		
			优等品（A）	一等品（B）	合格品（C）
露筋、掉角、侧面损伤、大面损伤、端部掉头			不允许	不允许	不允许
钢筋保护层	主筋	20	+5 −10	+5 −10	+5 −10
	端部	0～15	—	—	—

四、墙体材料取样与检测

1．烧结普通砖取样

检验批按 3.5 万～15 万块为一批，不足 3.5 万块亦按一批计。用随机抽样法从外观质量和尺寸偏差检验合格的样品中抽取 15 块，其中 10 块做抗压强度检验，5 块备用。

2．普通混凝土小型空心砌块取样

以用同一种原材料配成同强度等级的混凝土，用同一种工艺制成的同等级的 1 万块为一批，砌块数量不足 1 万块时亦为一批。由外观合格的样品中随机抽取 5 块作抗压强度检验。

3．烧结空心砖和空心砌块

检验批按 3.5 万～15 万块为一批，不足 3.5 万块亦按一批计。用随机抽样法从外观质量检验合格的样品中抽取 15 块，其中 10 块做抗压强度检验，5 块做密度检验。

4．轻骨料混凝土小型空心砌块

（1）组批规则。砌块按密度等级和强度等级分批验收。它以用同一品种轻骨料配制成的相同密度等级、相同强度等级、相同质量等级和同一生产工艺制成的 1 万块为一批；每月生产的砌块数不足 1 万块者亦为一批。

（2）抽样规则。每批随机抽取 32 块做尺寸偏差和外观质量检验，而后再从外观合格砌块中随机抽取如下数量进行其他项目的检验：

1）抗压强度：5 块。

2）表观密度、吸水率和相对含水率：3 块。

5．蒸压加气混凝土砌块

（1）取样方法。同品种、同规格、同等级的砌块以 1 万块为一批，不足 1 万块亦为一批。随机抽取 50 块砌块进行尺寸偏差、外观检验。砌块外观验收在交货地点进行，从尺寸偏差与外观检验合格的砌块中，随机抽取砌块，制作 3 组试件进行立方体抗压强度检验，制作 3 组试件做干体积密度检验。

（2）试件制作方法。

1）试件的制备采用机锯或刀锯，锯时不得将试件弄湿。

2）体积密度、抗压强度试件，沿制品膨胀方向中心部分上、中、下顺序锯取一组，"上"块上表面距离制品顶面 30mm，"中"块在制品正中处，"下"块下表面离制品底面 30mm，制品的高度不同，试件间隔略有不同。

第十三章

建筑防水、保温材料及进场检验

一、防水卷材

防水卷材按其基材种类分为沥青基防水卷材、改性沥青防水卷材和合成高分子防水卷材三大类。目前，我国最常见的防水卷材是改性沥青防水卷材类。

1. 弹性体改性沥青防水卷材

弹性体改性沥青防水卷材是热塑性体改性沥青（简称弹性体沥青）涂盖在经沥青浸渍后的胎基两面，上表面撒以细砂、矿物粒（片）料或覆盖聚乙烯膜，下表面撒以细砂或覆盖聚乙烯膜所制成的防水卷材。胎基材料主要为聚酯无纺布、玻璃纤维毡，也可使用麻布或聚乙烯膜。目前，国内生产的主要为 SBS 改性沥青柔性防水卷材。

SBS 改性沥青柔性防水卷材，具有良好的不透水性和低温柔韧性，在 $-15 \sim 25℃$ 下仍保持其柔韧性；同时还具有抗拉强度高、延伸率较大、耐腐蚀性及高耐热性等优点。

弹性体沥青防水卷材适用于建筑屋面、地下及卫生间等的防水防潮，以及游泳池、隧道、蓄水池等的防水工程，尤其适用于寒冷地区建筑物防水，并可用于Ⅰ级防水工程。

弹性体沥青防水卷材施工时可用热熔法施工，也可用胶粘剂进行冷粘贴施工。包装、贮运基本与石油沥青油毡相似。

2. 塑性体改性沥青防水卷材

塑性体改性沥青防水卷材是热塑性树脂改性沥青（简称塑性体改性沥青）涂盖在经沥青浸渍后的胎基两面，在上表面撒以细砂、矿物粒（片）料或覆盖聚乙烯膜，下表面撒以细砂或覆盖聚乙烯膜所制成的一种沥青防水卷材。胎基材料有玻纤毡、聚酯毡等。

与弹性体改性沥青防水卷材相比，塑性体改性防水卷材具有更高的耐热性，但低温柔韧性较差，其他性质基本相同。塑性体改性沥青防水卷材除了与弹性体改性沥青防水卷材的适用范围基本一致外，尤其适用于高温或有强烈太阳辐射地区的建筑物防水，目前生产的主要为 APP 改性沥青防水卷材。

3. 高分子防水卷材

随着合成高分子材料的发展，出现以合成橡胶或塑料为主的高效能防水卷材及其他品种为辅的防水材料体系，由于它们具有使用寿命长、低污染、技术性能好等特点，因而得到广泛的开发和应用。高分子防水卷材系以橡胶或高聚物为主要原料，掺入适量填料、增塑剂等改性剂经混炼造粒、压延等工序制成的防水卷材。

高分子防水卷材具有抗拉强度高、延伸率大、自重轻（$2kg/m^2$）、使用温度范围宽（$-40\sim80℃$）、可冷施工等优点，主要缺点是耐穿刺性差（厚度 $1\sim2mm$）、抗老化能力弱。所以，其表面常施涂浅色涂料（少吸收紫外线）或以水泥砂浆、细石混凝土、块体材料作卷材的保护层。高分子防水卷材的种类较多，如片材的分类见表 13-1。

表 13-1　　　　　　　　　　　　　片 材 的 分 类

分类		代号	主要原材料
均质片	硫化橡胶类	JL1	三元乙丙橡胶
		JL2	橡胶（橡塑）共混
		JL3	氯丁橡胶、氯磺化聚乙烯、氯化聚乙烯等
		JL4	再生胶
	非硫化橡胶类	JF1	三元乙丙橡胶
		JF2	橡胶（橡塑）共混
		JF3	氯化聚乙烯
	树脂类	JS1	聚氯乙烯等
		JS2	乙烯乙酸乙烯、聚乙烯等
		JS3	乙烯乙酸乙烯改性沥青共混等
复合片	硫化橡胶类	FL	三元乙丙、丁基、氯丁橡胶、氯磺化聚乙烯等
	非硫化橡胶类	FF	氯化聚乙烯、三元乙丙、丁基、氯丁橡胶、氯磺化聚乙烯等
	树脂类	FS1	聚氯乙烯等
		FS2	聚乙烯、乙烯乙酸乙烯等
点粘片	树脂类	DS1	聚氯乙烯等
		DS2	乙烯乙酸乙烯、聚乙烯等
		DS3	乙烯乙酸乙烯改性沥青共混物等

目前，国内应用较广的高分子防水卷材主要有三元乙丙橡胶防水卷材、氯丁橡胶防水卷材和聚氯乙烯防水卷材。

（1）三元乙丙橡胶防水卷材。三元乙丙橡胶防水卷材是以三元乙丙橡胶为主体，掺入适量的填充料、硫化剂等添加剂，经密炼、压延或挤出成型及硫化而制成。

三元乙丙橡胶卷材具有优良的耐老化、耐低温、耐化学腐蚀及电绝缘性，而且具有重量轻、抗拉强度大、延伸率大等特点，但遇机油时宜溶胀。

三元乙丙橡胶是一种合成橡胶，因而三元乙丙橡胶卷材宜用合成橡胶胶黏剂粘贴，粘贴可采用全粘贴或局部粘贴等多种方式。它适用于屋面、地下、水池防水，化工建筑防腐等。

（2）氯丁橡胶防水卷材。氯丁橡胶防水卷材是以氯丁橡胶为主体，掺入适量的填充剂、硫化剂、增强剂等添加剂，在经过密炼、压延或挤出成型及硫化而制成。

氯丁橡胶卷材的抗拉性能、延伸率、耐油性、耐日光、耐臭氧、耐气候性很好，与三元乙丙橡胶卷材相比，除耐低温性稍差外，其他性能基本相似。

氯丁橡胶卷材宜用氯丁橡胶胶黏剂粘贴，施工方法用全粘法。它适用于屋面、桥面、蓄水池及地下室混凝土结构的防水层等。

（3）聚氯乙烯防水卷材。聚氯乙烯防水卷材是以聚氯乙烯为主体，掺入填充料、软化剂、增塑剂及其他助剂等，经混炼、压延或挤出成型而成。聚氯乙烯本身的低温柔性和耐老化性较差，通过改性后性能得到改善，可以满足建筑防水工程的要求。

聚氯乙烯卷材具有质轻、低温柔性好，尺寸稳定性、耐腐蚀性和耐细菌性好等优点。粘贴时可采用多种胶黏剂，施工方法采用全粘法或局部粘贴法。它除适用地下、屋面等防水外，尤其适用特殊要求的防腐工程。

（4）防水卷材的厚度选择。该环节本是防水设计中重点考虑的，但是目前不论是生产方面还是施工方面，都存在偷工减料的现象，故将卷材的厚度选用要求列出来供大家参考；而且，检验方法很简单，用较精密的尺具就可以在现场测量。卷材厚度选用分为屋面工程和地下工程两种要求，前面介绍的常用防水卷材在下列各表中有专门表述的，按照专门表述的要求；如没有则可以按产品所属大类的要求；若产品大类和具体产品在表中都没有提到，则表明该产品不适用该表所列以下防水等级。屋面工程卷材防水层厚度选用应符合表13-2的规定。

表 13 - 2   屋面卷材厚度选用表

屋面防水等级	设防道数	合成高分子防水卷材	高聚物改性沥青防水卷材	沥青防水卷材和沥青复合胎柔性防水卷材	自粘聚脂胎改性沥青防水卷材	自粘橡胶沥青防水卷材
Ⅰ级	三道或三道以上设防	不应小于1.5mm	不应小于3mm	—	不应小于2mm	不应小于1.5mm
Ⅱ级	二道设防	不应小于1.2mm	不应小于3mm	—	不应小于2mm	不应小于1.5mm
Ⅲ级	一道设防	不应小于1.2mm	不应小于4mm	三毡四油	不应小于3mm	不应小于2mm
Ⅳ级	一道设防	—	—	二毡三油	—	—

地下工程卷材防水层厚度选用应符合表 13 - 3 的规定。

表 13 - 3   地下工程防水卷材厚度选用表

防水等级	设防道数	合成高分子防水卷材	高聚物改性沥青防水卷材
1级	三道或三道以上设防	单层：不应小于1.5mm；双层：每层不应小于1.2mm	单层：不应小于4mm；双层：每层不应小于3mm
2级	二道设防		
3级	一道设防	不应小于1.5mm	不应小于4mm
	复合设防	不应小于1.2mm	不应小于3mm

4. 常用建筑防水卷材的进场验收

建筑防水卷材在进入建设工程被使用前，必须进行检验验收。验收主要分为资料验收和实物质量验收两部分。

（1）资料验收。

1）《全国工业产品生产许可证》。国家对建筑防水卷材产品实行生产许可证管理，由国家质量监督检验检疫总局对经审查符合国家有关规定的防水卷材生产企业统一颁发《全国工业产品生产许可证》（简称生产许可证）。证书的有效期一般不超过 5 年。对符合生产许可证申报条件的企业，由各省或直辖市工业产品生产许可证办公室先发《行政许可申请受理决定》，并自受理企业申请之日起 60 日内作出是否准予许可的决定。

2）防水卷材质量证明书。防水卷材在进入施工现场时，应对质量证明书进行验收。质量证明书必须字迹清楚，应注明供方名称或厂标、产品标准、生产日期和批号、产品名称、规格及等级、产品标准中所规定的各项出厂检验结果等。质量证明书应加盖生产单位公章或质检部门检验专用章。

3）材料台账。防水卷材进场后，施工单位应及时建立"建设工程材料采购验收检验使用综合台账"，监理单位可设立"建设工程材料监理监督台账"。台账内容包括材料名称、规格品种、生产单位、供应单位、进货日期、送货单编号、实收数量、生产许可证编号、质量证明书编号、外观质量、材料检验日期、复验报告编号和结果，工程材料报审表签认日期、使用部位、审核人员签名等。

4）产品包装和标志。卷材可用纸包装或塑胶带成卷包装、纸包装时应以全柱面包装，柱面两端未包装长度总计不应超过 100mm。标志包括生产厂名、产品标记、生产日期或批号、生产许可证编号、贮存与运输注意事项。

同时核对包装标志与质量证明书上所示内容是否一致。

（2）实物质量验收。实物质量验收分为外观质量验收、物理性能复验、胶黏剂验收等。

1）外观质量验收。必须对进场的防水卷材进行外观质量的检验，该检验可在施工现场通过目测和尺具测量进行，前面介绍过的常用防水卷材分属三大类，由于每一大类的防水卷材的外观质量要求基本一致，下面就按产品大类分别介绍外观质量要求。

①沥青防水卷材的外观质量要求，见表 13-4。

表 13-4 沥青防水卷材外观质量

项 目	质 量 要 求
孔洞、硌伤	不允许
露胎、涂盖不匀	不允许
折纹、皱折	距卷芯 1000mm 以外，长度不大于 100mm
裂纹	距卷芯 1000mm 以外，长度不大于 10mm
裂口、缺边	边缘裂口小于 20mm 以外；缺边长度小于 50mm，深度小于 20mm
每卷卷材的接头	不超过 1 处，较短的一段不应小于 2500mm，接头处应加长 150mm

②高聚物改性沥青防水卷材的外观质量要求，见表 13-5。

③合成高分子防水卷材的外观质量要求，见表 13-6。

表 13 - 5   高聚物改性沥青防水卷材外观质量

项　目	质　量　要　求
孔洞、缺边、裂口	不允许
边缘不整齐	不超过 10mm
胎体露白、未浸透	不允许
撒布材料粒度、颜色	均匀
每卷卷材的接头	不超过 1 处，较短的一段不应小于 1000mm，接头处加长 150mm

表 13 - 6   合成高分子防水卷材外观质量

项　目	质　量　要　求
折痕	每卷不超过 2 处，总长度不超过 20mm
杂质	大于 0.5mm 颗粒不允许，每 $1m^2$ 不超过 $9mm^2$
胶块	每卷不超过 6 处，每处面积不大于 $4mm^2$
凹痕	每卷不超过 6 处，深度不超过本身厚度的 30%；树脂类深度不超过 5%
每卷卷材的接头	橡胶类每 20m 不超过 1 处，较短的一段不应小于 3000mm，接头处应加长 150mm；树脂类 20m 长度内不允许有接头

2）防水卷材的进场复验。进场的卷材，应进行抽样复验，合格后方能使用，复验应符合下列规定。

①同一品种、型号和规格的卷材，抽样数量。大于 1000 卷抽取 5 卷；500～1000 卷抽取 4 卷；100～499 卷抽取 3 卷；小于 100 卷抽取 2 卷。

②将受检的卷材进行规格尺寸和外观质量检验，全部指标达到标准规定时，即为合格。其中若有一项指标达不到要求，允许在受检产品中另取相同数量卷材进行复验，全部达到标准规定为合格。复验时仍有一项指标不合格，则判定该产品外观质量为不合格。

③在外观质量检验合格的卷材中，任取一卷做物理性能检验，若物理性能有一项指标不符合标准规定，应在受检产品中加倍取样进行该项复验，复验结果如仍不合格，则判定该产品为不合格。

3）防水卷材胶黏剂、胶粘带的质量要求和进场验收。防水卷材在施工中需要胶黏剂、胶粘带等配套材料，配套材料的质量如果不符合有关要求，将影响防水工程的整体质量，所以也是至关重要的。

①防水卷材胶黏剂、胶粘带的质量应符合下列要求。改性沥青胶黏剂的剥离强度不应小于 8N/10mm；合成高分子胶黏剂的剥离强度不应小于 15N/10mm，

浸水 168h 后的保持率不应小于 70%，；双面胶粘带的剥离强度不应小于 6N/10mm，浸水 168h 后的保持率不小于 70%。

②防水卷材胶黏剂、胶粘带的进场验收。进场的卷材胶黏剂和胶粘带物理性能应检验下列项目：改性沥青胶黏剂应检验剥离强度；合成高分子胶黏剂应检验剥离强度和浸水 168h 后的保持率；双面胶粘带应检验剥离强度和浸水 168h 后的保持率。

5. 防水卷材和胶黏剂的贮运与保管

（1）不同品种、型号和规格的卷材应分别堆放。

（2）卷材应贮存在阴凉通风的室内，避免雨淋、日晒和受潮，严禁接近火源。

（3）沥青防水卷材贮存环境温度不得高于 45℃。

（4）沥青防水卷材宜直立堆放，其高度不宜超过两层，并不得倾斜或横压，短途运输平放不宜超过四层。

（5）卷材应避免与化学介质及有机溶剂等有害物质接触。

（6）不同品种、规格的卷材胶黏剂和胶粘带，应分别用密封桶或纸箱包装。

（7）卷材胶黏剂和胶粘带应贮存在阴凉通风的室内，严禁接近火源和热源。

二、防水涂料

建筑防水涂料也是一种比较常用的防水材料，被广泛地运用于屋面、地下室防水，尤其是地下室防水。外观一般为液体状，可涂刷在需要防水的基面上，按其成分可分为高聚物改性沥青防水涂料、合成高分子防水涂料、无机防水涂料三类。

1. 常用建筑防水涂料

（1）高聚物改性沥青防水涂料。高聚物改性沥青防水涂料以建筑物屋面防水为主要用途，以石油沥青为基料，用高分子聚合物进行改性，配制成的水乳型或溶剂型防水涂料。代表性的材料为水性沥青基防水涂料。

水性沥青基防水涂料是以乳化沥青为基料的防水涂料，分为薄质和厚质。薄质在常温时为液体，具有流平性；厚质在常温时为膏体或黏稠体，不具有流平性。该产品属于国家限制使用的建筑材料，一般仅用于屋面防水。

（2）合成高分子防水涂料。合成高分子防水涂料在混凝土材料的基面上涂刷后，能形成均匀无缝的防水层，具有良好的防渗水作用。由于涂料在成膜过程中没有接缝，不仅能够在平屋面上，而且还能够在立面、阴阳角和其他各种复杂表面的基层上形成连续不断的整体性防水涂层。比较常用的品种有聚氨酯防水涂料、聚合物乳液防水涂料、聚氨酯硬泡体防水保温材料等。

1）聚氨酯防水涂料。以合成橡胶为主要成膜物质，配制成的单组分或多组分防水涂料。产品按组分分为单组分和双组分，按拉伸性能分为Ⅰ、Ⅱ型。在常温固化成膜后，形成无异味的橡胶状弹性体防水层。该产品具有拉伸强度高、延伸率大、耐寒、耐热、耐化学稳定性、耐老化、施工安全方便、无异味、不污染环境、粘结力强，也能在潮湿基面施工，能与石油沥青及防水卷材相容和维修容易等特点。

2）聚合物乳液建筑防水涂料。以聚合物乳液为主要原料，加入其他添加剂而制得的单组分水乳型防水涂料。以高固含量的丙烯酸酯乳液为基料，掺加各种原料及不同助剂配制而成。该防水涂料色彩鲜艳，无毒、无味、不燃、无污染，具有优异的耐老化性能，粘结力强，高弹性，延伸率、耐寒、耐热、抗渗漏性能好，施工简单，工效高，维修方便等特点。

（3）聚合物水泥防水涂料。以丙烯酸酯等聚合物乳液和水泥为主要原料，加入其他外加剂制得的双组分水性建筑防水涂料。产品分为Ⅰ、Ⅱ型，Ⅰ型为以聚合物为主的防水涂料，主要用于非长期浸水环境下的建筑防水工程；Ⅱ型为以水泥为主的防水涂料，适用于长期浸水环境下的建筑防水工程。

（4）水泥基渗透结晶型防水涂料。水泥基渗透结晶型防水涂料是以硅酸盐水泥或普通硅酸盐水泥、石英砂等为基料，掺入活性化学物质制成。

按施工工艺不同，可分为水泥基渗透结晶型防水涂料、水泥基渗透结晶型防水剂。

2. 常用建筑防水涂料的进场验收

建筑防水涂料在进入建设工程被使用前，必须进行检验验收。验收主要分为资料验收和实物质量验收两部分。

（1）资料验收。

1）防水涂料质量证明书。防水涂料在进入施工现场时应对质量证明书进行验收。质量证明书必须字迹清楚，应注明供方名称或厂标、产品标准、生产日期和批号、产品名称、规格及等级、产品标准中所规定的各项出厂检验结果等。质量证明书应加盖生产单位公章或质检部门检验专用章。

2）材料台账。防水涂料进场后，施工单位应及时建立"建设工程材料采购验收检验使用综合台账"，监理单位可设立"建设工程材料监理监督台账"。台账内容包括材料名称、规格品种、生产单位、供应单位、进货日期、送货单编号、实收数量、生产许可证编号、质量证明书编号、外观质量、材料检验日期、复验报告编号和结果，工程材料报审表确认日期、使用部位、审核人员签名等。

3）产品包装和标志。防水涂料包装容器必须密封，容器表面应标明涂料名称、生产厂名、执行标准号、生产日期和产品有效期并分类存放。同时，核对包装标志与质量证明书上所示内容是否一致。

（2）实物质量验收。实物质量验收分为外观质量验收、物理性能复验两个部分。

1）外观质量验收。必须对进场的防水涂料进行外观质量的检验，该检验可在施工现场通过目测进行。下面分别介绍五种防水涂料的外观质量要求。

①水乳型沥青防水涂料。产品为均匀、无色差、无凝胶、无结块、无明显沥青丝。

②聚氨酯防水涂料。产品为均匀黏稠体，无凝胶、结块。

③聚合物乳液建筑防水涂料。产品经搅拌后无结块，呈均匀状态。

④聚合物水泥防水涂料。产品的两组分经分别搅拌后，其液体组分应为无杂质、无凝胶的均匀乳液；固体组分应为无杂质、无结块的粉末。

⑤水泥基渗透结晶型防水涂料。产品以水泥作载体，外观呈粉状，均匀状态，细度符合要求。

2）物理性能复验。进场的涂料应进行抽样复验，合格后方能使用，复验应符合下列规定。

①同一规格、品种的防水涂料，每10t为一批，不足10t者按一批进行抽样。

②防水涂料的物理性能检验，全部指标达到标准规定时，即为合格。其中，若有一项指标达不到要求，允许在受检产品中加倍取样进行该项复检；复检结果如仍不合格，则判定该产品为不合格。

3．防水涂料的储运与保管

（1）不同类型、规格的产品应分别堆放，不应混杂。

（2）避免雨淋、日晒和受潮，严禁接近火源。

（3）防止碰撞，注意通风。

三、建筑节能保温材料

1．有机发泡材料

有机发泡状绝热材料主要是指泡沫塑料为主的绝热材料。

泡沫塑料是以各种树脂为基料，加入少量的发泡剂、催化剂、稳定剂以及其他辅助材料，经加热发泡而成的一种轻质、保温、隔热、防振材料。这类材料具有表观密度小，导热系数低，防振，耐腐蚀、耐霉变，施工性能好等优点，已广泛用于建筑保温、管道设备、冰箱冷藏、减震包装等领域。

泡沫塑料按其泡孔结构，可分为闭孔和开孔泡沫塑料。所谓闭孔，是指泡孔被泡孔壁完全围住，因而与其他泡孔互不连通，这种泡孔结构对绝热有利；而开孔，则是泡孔没有被泡孔壁完全围住，因而与其他泡孔或外界相互连通。

按表观密度可以分为低发泡、中发泡和高发泡泡沫塑料，其中前者表观密度大于 $0.04g/cm^3$，后者小于 $0.01g/cm^3$，中发泡泡沫塑料介于两者之间。

按柔韧性可以分为软质、硬质和半硬质泡沫塑料。

目前，常见的用于绝热的泡沫塑料有聚苯乙烯泡沫塑料、聚氨酯泡沫塑料、柔性泡沫橡塑、酚醛泡沫塑料等。

（1）聚苯乙烯泡沫塑料。聚苯乙烯泡沫塑料是以聚苯乙烯树脂或其共聚物为主要成分的泡沫塑料。按成型的工艺不同，可以分为模塑聚苯乙烯泡沫塑料和挤塑聚苯乙烯泡沫塑料。

1）模塑聚苯乙烯泡沫塑料。模塑聚苯乙烯泡沫塑料是指可发性聚苯乙烯泡沫塑料粒子经加热预发泡后，在模具中加热成型而制得的具有闭孔结构的硬质泡沫塑料。

模塑聚苯乙烯根据不同的表观密度，可以分为 Ⅰ（表观密度大于等于 $15.0kg/m^3$）、Ⅱ（表观密度大于等于 $20.0kg/m^3$）、Ⅲ（表观密度大于等于 $30.0kg/m^3$）、Ⅳ（表观密度大于等于 $40.0kg/m^3$）、Ⅴ（表观密度大于等于 $50.0kg/m^3$）、Ⅵ类（表观密度大于等于 $60.0kg/m^3$）。不同表观密度材料的应用场合也不相同。一般地，Ⅰ类产品应用于夹芯材料（金属面聚苯乙烯夹芯板等）、墙体保温材料，不承受负荷，特别是用于外墙外保温系统的模塑聚苯乙烯泡沫塑料的表观密度范围为 $18.0\sim22.0kg/m^3$；Ⅱ类产品用于地板下面隔热材料，承受较小的负荷；Ⅲ类材料常用于停车平台的隔热；Ⅳ、Ⅴ、Ⅵ类常用于冷库铺地材料、公路地基等。

对于膨胀聚苯板薄抹灰外墙外保温系统中使用的模塑聚苯乙烯泡沫塑料（也称膨胀聚苯板），由于使用在墙体保温，对产品的外观尺寸和性能除了符合以上模塑聚苯乙烯泡沫塑料的性能要求外，还应根据外墙保温的特点对产品有新的性能要求。

2）挤塑聚苯乙烯泡沫塑料。挤塑聚苯乙烯泡沫塑料是以聚苯乙烯树脂或其共聚物为主要成分，添加少量添加剂，通过加热挤塑成型而制得的具有闭孔结构的硬质泡沫塑料。挤塑聚苯乙烯泡沫塑料较多地应用于屋面的保温，也可用于墙体、地面的保温隔热。

挤塑聚苯乙烯泡沫塑料按强度和有无表皮分类。带表皮按抗压强度值分为150kPa、200kPa、250kPa、300kPa、350kPa、400kPa、450kPa、500kPa；无表皮按抗压强度值分为200kPa和300kPa。

（2）硬质聚氨酯泡沫塑料。聚氨酯（PU）泡沫塑料是以含有羟基的聚醚树脂或聚酯树脂与异氰酸酯反应生成的聚氨基甲酸酯为主体，以异氰酸酯与水反应生成的二氧化碳（或以低沸点氟碳化合物）为发泡剂制成的一类泡沫塑料。用于绝热材料的主要是硬质聚氨酯泡沫塑料，其具有很低的导热系数，节能效果显著，同时具有较高的强度和黏结性。

聚氨酯按所用原料，可以分为聚酯型和聚醚型两种；按其发泡方式，可以分为喷涂和模塑等类型。硬质聚氨酯泡沫塑料在建筑工程中主要应用于制作各种房屋构件和聚氨酯夹芯彩钢板，起到隔热保温的效果。现在，也可以用喷涂法直接在外墙上喷涂，形成聚氨酯外墙外保温系统。在城市集中供热管线，也可采用它来作保温层。在石油、化工领域，可以用作管道和设备的保温和保冷。在航空工业中作为机翼、机尾的填充支撑材料。在汽车工业中，可以用作冷藏车的隔热保冷材料等。

建筑隔热用硬质聚氨酯泡沫塑料按使用状况，可分为Ⅰ类和Ⅱ类。Ⅰ类用于非承载，如屋顶、地板下隔层等；Ⅱ类用于承载，如衬填材料等。

硬质聚氨酯泡沫塑料本身属于可燃物质，但添加阻燃剂和发泡剂等制成的阻燃泡沫具有良好的防火性能，能达到离火自行熄灭的要求。

（3）柔性泡沫橡塑。柔性泡沫橡塑绝热制品是以天然或合成橡胶和其他有机高分子材料的共混体为基材，加各种添加剂、阻燃剂、稳定剂、硫化促进剂等，经混炼、挤出、发泡和冷却定型，加工而成的具有闭孔结构的柔性绝热制品。

柔性泡沫橡塑制品按表观密度分为Ⅰ类和Ⅱ类，其部分物理性能见表13-7。

表 13-7　　　　　　　　　　柔性泡沫橡塑物理性能指标

项目	单位	性能指标	
		Ⅰ类	Ⅱ类
表观密度	kg/m³	≤95	

续表

项目		单位	性能指标	
			I 类	II 类
燃烧性能		—	氧指数≥32% 且烟密度≤75	氧指数≥26%
			当用于建筑领域时，制品燃烧性能应不低于 GB 8624—2012C 级	
导热系数	−20℃（平均温度）	W/(m·K)	≤0.034	
	0℃（平均温度）		≤0.036	
	40℃（平均温度）		≤0.041	
透湿性能	透湿系数	g/(m·s·Pa)	≤1.3×10^{10}	
	湿阻因子		≥1.5×10^3	
真空吸水率		%	≤10	
尺寸稳定性（105±3）℃，7d		%	≤10.0	
压缩回弹率 压缩率50%，压缩时间72h		%	≥70	
抗老化性150h		—	轻微起皱，无裂纹、无针孔，不变形	

（4）其他有机泡孔绝热材料产品。

1）酚醛泡沫塑料。酚醛泡沫塑料是热固性（或热塑性）酚醛树脂在发泡剂（如甲醇等）的作用下发泡并在固化剂（硫酸、盐酸等）作用下交联、固化而生成的一种硬质热固性泡沫塑料。

酚醛泡沫具有密度低、导热系数低、耐热、防火性能好等特点，应用于建筑行业屋顶、墙体保温、隔热，中央空调系统的保温，还较多地应用于船舶建造业、石油化工管道设备的保温。

2）聚乙烯泡沫塑料。聚乙烯泡沫塑料是以聚乙烯为主要原料，加入交联剂（甲基丙烯酸甲酯等）、发泡剂（AC 等）、稳定剂等一次成型加工而成的泡沫塑料。

一般用于绝热材料应选 45 倍发泡倍率的聚乙烯泡沫塑料，其具有较好的绝热性能、较低的吸水率、耐低温，可应用于汽车顶棚、冷库、建筑物顶棚、空调系统等部位的保温、保冷。

（5）有机泡孔绝热材料的燃烧性能。有机泡孔绝热材料的燃烧性能级别通常为 B₁ 或 B₂ 级。两者的区别在于技术要求不同。B₁ 级里包含三个技术要求：氧指数大于等于 32；平均燃烧时间小于等于 30s，平均燃烧高度小于等于 250mm，烟密度等级（SDR）小于等于 75。只有同时满足上述三个要求，才能判定为产品为 B_1 级。

B_2 级里包含两个技术要求：氧指数大于等于 26；平均燃烧时间小于等于 90s，平均燃烧高度小于等于 50mm。

值得注意的是产品燃烧性能分级标志，对燃烧性能分级的材料，在其标志级别后，是否在括号内注明该材料的名称。

还应注意的是，上述 B_1、B_2 级不应与建筑材料难燃概念相混淆。一般以复合性材料、非承重厚体材料、厚体热固性材料用难燃性。

（6）有机泡孔绝热材料储存。有机泡孔绝热材料一般可用塑料袋或塑料捆扎带包装。由于是有机材料，在运输中应远离火源、热源和化学药品，以防止产品变形、损坏。产品堆放在施工现场时，应放在干燥通风处，能够避免日光暴晒、风吹雨淋，也不能靠近火源、热源和化学药品，一般在 70℃ 以上，泡沫塑料产品会产生软化、变形甚至熔融的现象。对于柔性泡沫橡塑产品，温度不宜超过 105℃。产品堆放时，也不可受到重压和其他机械损伤。

2. 无机纤维状绝热材料

无机纤维状绝热材料是指天然或人造的以无机矿物为基本成分的一类纤维材料。这类绝热材料主要包括岩棉、矿渣棉、玻璃棉以及硅酸铝棉等人造无机纤维状材料。该类材料在外观上具有相同的纤维形态和结构，性能上有密度低、导热系数小、不燃烧、耐腐蚀、化学稳定性强等优点。因此这类材料广泛地用作建筑物的保温、隔热，工业管道、窑炉和各种热工设备的保温、保冷和隔热。

（1）岩棉、矿渣棉及其制品。矿岩棉是石油化工、建筑等其他工业部门中，对作为绝热保温的岩棉和矿渣棉等一类无机纤维状绝热材料的总称。

岩棉是以天然岩石（如玄武岩、安山岩、辉绿岩等）为基本原料，经熔化、纤维化而制成。矿渣棉是以工业矿渣（如高炉矿渣、粉煤灰等）为主要原料，经过重熔、纤维化而制成。

这类材料耐高温、导热系数小、不燃、耐腐蚀、化学稳定性强，已广泛地应用于石油、化工、电力、冶金、国防等行业各类管道、贮罐、蒸馏塔、烟道、锅炉、车船等工业设备的保温；还大量应用在建筑物中，起到隔热的效果。

岩棉、矿渣棉制品一般按制品形式，可以分为板和毡。

（2）玻璃棉及其制品。玻璃棉是采用天然矿石如石英砂、白云石、石蜡等，配以其他化工原料，在熔融状态下借助外力拉制、吹制或甩成极细的纤维状材料。目前，玻璃棉的生产工艺主要以离心喷吹法为主，其次是火焰法。

玻璃棉制品是在玻璃棉纤维中，加入一定量的胶黏剂和其他添加剂，经固化、切割、贴面等工序而制成。

玻璃棉及其制品被广泛地应用于国防、石油化工、建筑、冶金、冷藏、交通运输等工业部门，是各种管道、贮罐、锅炉、热交换器、风机和车船等工业设备、交通运输和各种建筑物的优良保温、绝热、隔冷材料。

玻璃棉制品按成型工艺分为火焰法和离心法。所谓火焰法，是将熔融玻璃制成玻璃球、棒或块状物，使其再二次熔化，然后拉丝并经火焰喷吹成棉；离心法是对粉状玻璃原料进行熔化，然后借助离心力，使熔融玻璃直接制成玻璃棉。

玻璃棉制品按产品的形态，可分为玻璃棉、玻璃棉板、玻璃棉毡、玻璃棉带、玻璃棉毯和玻璃棉管壳。用于建筑物隔热的玻璃棉制品主要为玻璃棉毡和玻璃棉板，在板、毡的表面可贴外覆层，如铝箔、牛皮纸等材料。

产品的外观要求表面平整，不能有妨碍使用的伤痕、污痕、破损，树脂分布基本均匀。制品若有外覆层，外覆层与基材的粘结应平整、牢固。

玻璃棉的主要技术性能见表 13-8。

表 13-8　　　　　　　　　　玻璃棉主要物理性能

玻璃棉种类		纤维平均直径 /mm	渣球含量/% （粒径大于 0.25mm）	导热系数（平均温度 70^{+5}_{-2}℃） /[W/(m·K)]	热荷重收缩温度 /℃
火焰法	1a	≤5.0	≤1.0	≤0.041	≥400
	2a	≤8.0	≤4.0	≤0.042	
离心法（b）		≤8.0	≤0.3	≤0.042	

注：a表示火焰法；b表示离心法。

（3）硅酸铝棉及其制品。硅酸铝纤维，又称耐火纤维。硅酸铝制品（板、毡、管壳）是在硅酸铝纤维中添加一定的胶黏剂制成的。硅酸铝棉针刺毯是用针刺方法，使其纤维相互勾织，制成的柔性平面制品。硅酸棉制品具有轻质、理化性能稳定、耐高温、导热系数低、耐酸碱、耐腐蚀、机械性能和填充性能好等优良性能。目前，硅酸铝棉及其制品主要应用于工业生产领域，在建筑领域内应用得不多，主要用作煤、油、气、电为能源的各种工业窑炉的内衬及隔热保温，还可以作耐热补强材料和高温过滤材料。作为内衬材料，可用作原子能反应堆、冶金炉、石油化工反应装置的绝热保温内衬。作为绝热材料，可用于工业炉壁的填充、飞机喷气导管、喷气发动机及其他高温导管的绝热等。

硅酸铝棉按分类温度及化学成分的不同，分成 5 个类型，见表 13-9。

表 13 - 9 硅酸铝棉分类

型号	分类温度 /℃	推荐使用温度 /℃	型号	分类温度 /℃	推荐使用温度 /℃
1 号（低温型）	1000	≤800	4 号（高铝型）	1350	≤1200
2 号（标准型）	1200	≤1000	5 号（含锆型）	1400	≤1300
3 号（高纯型）	1250	≤1100			

不同型号的硅酸铝棉的化学成分也各不相同。产品质量的优劣和产品的化学成分［特别是氧化铝（Al_2O_3）和氧化硅（SiO_2）的含量］有关；若两者的含量不足，就会导致产品耐高温等性能的降低。硅酸铝棉的主要物理性能和化学成分见表 13 - 10。

表 13 - 10 硅酸铝棉主要化学成分及物理性能

型号	$w（Al_2O_3）$	$w（Al_2O_3+SiO_2）$	$w（Na_2O+K_2O）$	$w（Fe_2O_3）$	$w（Na_2O+K_2O+Fe_2O_3）$
1 号	≥40	≥95	≤2.0	≤1.5	＜3.0
2 号	≥45	≥96	≤0.5	≤1.2	—
3 号	≥47	≥98	≤0.4	≤0.3	—
	≥43	≥99	≤0.2	≤0.2	—
4 号	≥53	≥99	≤0.4	≤0.3	—
5 号	$w（Al_2O_3+SiO_2+ZrO_2）$ ≥99		≤0.2	≤0.2	$w（ZrO_2）$ ≥15
渣球含量（粒径大于0.21mm）(%)			导热系数（平均温度500℃±10℃)/[W/(m·K)]		
≤20.0			≤0.153		

注：测试导热系数时试样体积密度为 $160kg/m^3$。

（4）无机纤维类绝热材料储存保管。无机纤维类绝热材料一般防水性能较差，一旦产品受潮、淋湿，则产品的物理性能特别是导热系数会变高，绝热效果变差。因此，这类产品在包装时应采用防潮包装材料，并且应在醒目位置注明"怕湿"等标志来警示其他人员。在运输时，应采用干燥、防雨的运输工具运输。

贮存在有顶的库房内，地上可以垫上木块等物品，以防产品浸水，库房干燥、通风。堆放时，还应注意不能把重物堆在产品上。

纤维状产品在堆放中若发生受潮、淋雨这类突发事件，应烘干产品后再使用。若产品完全变形，不能使用，则应重新进货。

在进行保温施工中，要求被保温的表面干净、干燥；对易腐蚀的金属表面，可先作适当的防腐涂层。对大面积的保温，需加保温钉。对于有一定高度、垂直放置的保温层，要有定位销或支撑环，以防止在振动时滑落。

施工人员在施工时应戴好手套、口罩，以防止纤维扎手及粉尘的吸入。

3. 常用建筑节能保温材料

（1）建筑节能主墙体材料。

1）加气混凝土砌块。加气混凝土砌块是以水泥、石灰等钙质材料、石英砂、粉煤灰等硅质材料和铝粉、锌粉等发气剂为原料，经磨细、配料、搅拌、浇筑、发气、切割、压蒸等工序生产而成的轻质混凝土材料。该类产品材料来源广泛、材质稳定、强度较高、质轻、易加工、施工方便、造价较低，而且保温、隔热、隔声、耐火性能好，是迄今为止能够同时满足墙材革新和节能 50% 要求的唯一单材料墙体。但是在寒冷地区还存在着隔气防潮、防止内部冷凝受潮、面层冻融损坏等问题。

2）EPS 砌块。EPS 砌块是用阻燃型聚苯乙烯泡沫塑料模块作模板和保温隔热层，而中芯浇筑混凝土的一种新型复合墙体。该类砌块具有构造灵活、结构牢固、施工快捷方便、综合造价低、节能效果好等优点，在国外颇为流行。常用于 3～4 层以下民用建筑、游泳池、高速公路隔离墙、旅馆建筑等。该模块有两种类型，即标准型和转角型，基本尺寸为 1200mm×240mm×300mm。沿长度方向均匀分布 5 个方圆形孔（尺寸 150mm×150mm），底部和顶部开有半方圆孔，孔洞相互贯通，可浇筑混凝土，形成隐形梁柱框架结构。

3）混凝土空心砌块。目前我国大都使用 190mm×190mm×390mm 标准型混凝土空心砌块，但最大问题是其模数与建筑模数不相一致，给建筑施工带来很多不便。尽管红砖模数与建筑模数不统一，但红砖可随意截断以满足建筑模数需要，因此在中国建筑史上一直沿用。而混凝土空心砌块则不同，它的模数必须与建筑模数一致，才有生命力。随着黏土实心砖被禁用，该问题必须尽快解决。

4）模网混凝土。模网混凝土是由蛇皮网、加劲肋、折钩拉筋构成开敞式空间网架结构，网架内浇混凝土制成。可广泛用于工业及民用建筑、水工建筑物、市政工程以及基础工程等。常用的建筑模网主要有钢筋网、钢丝网、钢板网和纤维网等，但各种建筑模网本身材质以及规格尺寸不同而用于不同场合，比如钢筋网主要是用于工厂预制各种规格混凝土大板（墙板、楼板等），纤维板主要是低碱玻璃 GRC 墙板，钢丝网主要用于非承重构件，如泰柏板等。

钢板网最大特点是将钢板拉制成连续孔径为 7.5mm×9.5mm 类蛇皮网孔。然后，在工厂制成三维空间网架，运抵现场组装浇筑混凝土，构成模网混凝土。由钢板网构成的混凝土由于网本身渗滤效应、环箍效应，显著提高力学性能如抗压强度和抗震性能，而且施工实现大水灰比免振自密实。由高强度钢丝焊接的三维空间钢丝网架中填充阻燃型聚苯乙烯泡沫塑料芯板制成的网架板，既有木结构的灵活性，又有混凝土结构的高强和耐久性；具有轻质、节能、保温、隔热、隔声等多种优良性能，便于运输、组装方便、施工速度快，并能有效地减轻建筑物负荷；增大使用面积，是理想的轻质节能承重墙体材料。

5）纳土塔（RASTRA）空心墙板承重墙体。纳土塔板是由聚苯乙烯、水泥、添加剂和水制成的隔热吸声水泥聚苯乙烯空心板构件经粘合组装成墙体。整个墙体的内部构成纵横上下左右相互贯通的孔槽，孔槽浇灌混凝土或穿插钢筋后再浇注混凝土，在墙内形成刚性骨架。纳土塔板是同体积混凝土重量的 $1/6 \sim 1/7$，可减少对基础的荷载，节约建筑物基础的投资，在同样的地基承载能力下，可增加建筑物的层数；纳土塔板无钢筋混凝土墙体的平均抗压强度为 20.8MPa（5 层楼以下的均不需要配筋），配钢筋混凝土墙体的平均抗压强度为 $32 \sim 35$MPa。配钢筋混凝土墙体柱的平均抗压强度为 $36 \sim 40$MPa。而且纳土塔板导热系数只有 0.083W/(m·K)，保温隔热性能好；耐火试验显示纳土塔板耐火极限为 4h，属非燃烧体，满足防火规范对防火墙耐火极限的要求。

（2）建筑节能外墙保温材料性能比较。

1）岩棉。岩棉是以精选的天然岩石如优质玄武岩、辉绿岩等为基本原料，经高温熔融，采用高速离心设备或其他方法将高温熔体甩拉成非连续性纤维。岩棉纤维细长柔软，纤维长可达 200mm，纤维直径 $4 \sim 7 \mu m$，绝热、绝冷性能优良且具有良好的隔声性能，不燃、耐腐、不蛀，经憎水剂处理后，其制品几乎不吸水。它的缺点是密度低、性脆、抗压强度不高、耐长期潮湿性较差、手感不好、施工时有刺痒感。目前，通过提高生产技术，产品性能已有很大改进，虽可直接应用，但更多仍用于制造复合制品。

2）玻璃棉。玻璃棉是建筑业中应用较早且常见的绝热、吸声材料，它是采用石灰石、石英砂、白云石、蜡石等天然矿石为主要原料，配合一些纯碱、硼砂等化工原料融制成玻璃，在熔融状态下借助于外力经火焰法、离心喷吹法或蒸汽立吹法制得的极细的絮状纤维材料。按化学成分可分为无碱、中碱和高碱玻璃棉。其与岩棉在性能上有很多相似之处，但其手感好于岩棉，渣球含量低，不刺激皮肤，在潮湿条件下吸湿率小，线性膨胀系数小，但它的价格较岩棉高。

3）聚苯乙烯泡沫塑料。聚苯乙烯泡沫塑料是以聚苯乙烯树脂为主要原料，经发泡剂发泡制成的内部具有无数封闭微孔的材料。其表观密度小，导热系数小，吸水率低，保温、隔热、吸声、防震性能好、耐酸碱，机械强度高，而且尺寸精度高，结构均匀。因此，在外墙保温中其占有率很高。但是，聚苯乙烯在高温下易软化变形，安全使用温度为70℃，最高使用温度为90℃，防火性能差，不能应用于防火要求较高部位外墙内保温，并且吸水率较高。为了克服单纯使用聚苯乙烯泡沫塑料的缺点，研究者正致力于开发出新的聚苯乙烯复合保温材料，如水泥聚苯乙烯板及聚苯乙烯保温砂浆等。

4）硬质聚氨酯泡沫塑料。硬质聚氨酯泡沫塑料是以聚合物多元醇（聚醚或聚酯）和异氰酸酯为主体材料，在催化剂、稳定剂、发泡剂等助剂的作用下，经混合后发泡反应而制成各类软质、半软半硬、硬质的塑料，具有非常优越的绝热性能，它的导热系数之低[0.025W/(m·K)]是其他材料所无法比拟的。同时，其特有的闭孔结构使其具有更优越的耐水汽性能，由于不需要额外的绝缘防潮，简化了施工程序，降低工程造价。但因其价格较高、易燃，规模应用尚待时日。

5）水泥聚苯板（块）。水泥聚苯板是近年开发的轻质高强保温材料，是采用聚苯乙烯泡沫颗粒、水泥、发泡剂等搅拌浇注成型的一种新型保温板材，这种材料容量轻、强度高、破损少，施工方便，有韧性、抗冲击，还具有耐水、抗冻性能，保温性能优良。实测表明，以240mm砖墙复合50～70mm厚水泥聚苯板，其热工性能可超过620mm砖墙保温效果。

该类防火、阻燃材料应用到任何部位、任何情况下均可起到防火阻燃的效果，并达到国家相关规定标准；但这种材料的容量、强度和导热系数之间存在着相互制约的关系，配比中各成分量的变化对板材的性能都有显著的影响。由于板材的收缩变形，有些板材上墙后仍在收缩，板缝处理难度较大。如能较好地解决板缝裂缝问题，大面积推广应用前景看好。

6）胶粉聚苯颗粒保温材料。胶粉聚苯颗粒保温材料是由胶凝材料和聚苯颗粒轻骨料分别按配比包装组成。胶凝材料选用水泥、粉煤灰、不定型二氧化硅及各种助剂。该材料固化后导热系数低[一般均小于0.060W/(m·K)]，密度小，热工性能好，具有良好的和易性及耐候性，充分考虑了热应力、水、火、风压及地震作用的影响，其界面砂浆采用无空腔和逐层渐变柔性释放应力的技术路线，可有效地解决抗裂难题。该保温材料突破了传统保温砂浆只能用于内保温的局限。

四、防水、保温材料取样与检测

1. 防水卷材

（1）凡进入施工现场的防水卷材应附有出厂检验报告单及出厂合格证，并注明生产日期、批号、规格、名称。

（2）同一品种、牌号、规格的卷材，抽样数量为大于 1000 卷抽取 5 卷；500～1000 卷抽取 4 卷；100～499 卷抽取 3 卷；小于 100 卷抽取 2 卷，进行规格和外观质量检验。

（3）对于弹性体改性沥青防水卷材和塑性体改性沥青防水卷材，在外观质量达到合格的卷材中，将取样卷材切除距外层卷头 2500mm 后，顺纵向切取长度为 800mm 的全幅卷材试样 2 块进行封扎，送检物理性能测定；对于氯化聚乙烯防水卷材和聚氯乙烯防水卷材，在外观质量达到合格的卷材中，在距端部 300mm 处裁取约 3m 长的卷材进行封扎，送检物理性能测定。

（4）胶结材料是防水卷材中不可缺少的配套材料，因此必须和卷材一并抽检。抽样方法按卷材配比取样。同一批出厂，同一规格标号的沥青以 20t 为一个取样单位，不足 20t 按一个取样单位。从每个取样单位的不同部位取五处洁净试样，每处所取数量大致相等，共 1kg 左右，作为平均试样。

2. 防水涂料

（1）同一规格、品种、牌号的防水涂料，每 10t 为一批，不足 10t 者按一批进行抽检。取 2kg 样品，密封编号后送检。

（2）双组分聚氨酯中甲组分 5t 为一批，不足 5t 也按一批计；乙组分按产品重量配比相应增加批量。甲、乙组分样品总量为 2kg，封样编号后送检。

3. 建筑密封材料

（1）单组分产品以同一等级、同一类型的 3000 支为一批，不足 3000 支也作为一批。

（2）双组分产品以同一等级、同一类型的 1t 为一批，不足 1t 按一批进行检验；乙组分按产品重量比相应增加批量，样品密封编号后送检。

4. 进口密封材料

（1）凡进入现场的进口防水材料应有该国国家标准、出厂标准、技术指标、产品说明书以及我国有关部门的复检报告。

（2〕现场抽检人员应分别按照上述对卷材、涂料、密封膏等规定的方法进行抽检。抽检合格后方可使用。

（3）现场抽检必检项目应按我国国家标准或有关其他标准，在无标准参照的情况下，可按该国国家标准或其他标准执行。

（4）建筑幕墙用的建筑结构胶、建筑密封胶绝大部分是采用进口密封材料，应按照《玻璃幕墙工程技术规范》（JGJ 102—2003）检验。

参 考 文 献

[1] 中华人民共和国住房和城乡建设部. 建筑与市政工程施工现场专业人员职业标准（JGJ/T 250—2011)[S]. 北京：中国建筑工业出版社，2011.

[2] 北京土木建筑学会. 材料员必读 [M]. 北京：中国电力出版社，2013.

[3] 本书编委会. 建筑施工手册 [M]. 5 版. 北京：中国建筑工业出版社，2012.

[4] 江苏省建设教育协会. 材料员专业管理实务 [M]. 北京：中国建筑工业出版社，2014.

[5] 中华人民共和国住房和城乡建设部. 混凝土结构工程施工规范（GB 50666—2011)[S]. 北京：中国建筑工业出版社，2011.

[6] 本书编委会. 新版建筑工程施工质量验收规范汇编 [M]. 3 版. 北京：中国建筑工业出版社，2014.